一般社団法人
日本化粧品検定協会 代表理事
小西さやか

西東社

人と会いたくない…
肌の調子悪いなぁ…
大人ニキビが治らない…少しよくなっても、生理が近づくとまたできちゃうし
とぼ
とぼ
どんなスキンケアすればいいの？
はぁ〜〜
もう負のスパイラルだよ〜…
とりあえずドラッグストアに寄って帰ろう
ドラッグストア
ネットの口コミも本当かわかんないし
これよかった
このスキンケアはいろいろためしたけど
学校の友だちにもオススメした
私と年違いすぎてたらスキンケア違いそう
はぁ…
なーんかいつも行っている気がする
気にしすぎてさらに肌荒れしそうー
えーとスキンケア
スキンケア…
これ最近CMでやってるやつかぁ
CMの話題！

芸能人の
この人、
肌キレイ
なんだよなぁ～
NEW！
美容オイル
これで
あなたも
すっぴんに
自信♪
値段も
手ごろだし
…よし！
がしっ
いろいろ
新しいの
買っちゃおう
人気のやつとか
ぽいぽい
人気とか
話題のやつ
ばっかり
選んだし、
とりあえず
肌よくなれば
いいなぁ
ありがとう
ございましたー
ううう、お、重い…
しかしこれも
美肌のため
どちゃーーッ
よーし
何種類も重ね
塗りしたから
バッチリ！
ぬりぬり…
明日から私も
すっぴんに自信…♪
なんてねっ
ぼすっ
明日が
楽しみー♥

翌日…
ええ!?
昨日よりずっと
ひどくなってない!?
赤くなって
大きくなって
!?
ばんっ
ヒリヒリ
するし、
どうしてっ!?
しっっっっっ
かり新しい
洗顔で
洗って!!!
あわあわ
パック
して!!!
ばんっ
ばーーん
マッサージ
クリーム
つけて!!!
ぬりぬり
仕上げの
保湿まで
したのに!!!
それは私
たちのことを
よく知らない
からよ!
どーん
!!?
誰!?
ビクッ
2階の
窓ですけど!?

ええ〜
美容成分！？
何それ〜…
うっす！
オレたちが
肌にとって
大切なんだぜ
細胞を
喜ばせることで
肌をキレイに
するんだ
私たちは
美容成分よ♥
昨日ぶりね♥
ヒアルロン酸
アルブチン
フラーレン
イオウ
はぁ？
あら冷たいのね！
昨日も会ったじゃない
それの成分よ！
美容
成分！？
昨日ぶりって
会ったことない
んですけど…
？
はぁ？
ほぉ〜
うるおい
とってもモチモチなのにさっぱり
美白
表ばかり
見ていた
から
気にしたこと
なかった
なぁ…
裏に
私たちの
名前が書いて
あるでしょ
ヒアルロン酸
わっ
本当だ！
小さいけど
水、BG、グリセリン、ヒアルロン酸、フラーレン、
びっしり
…

難つ
ムズ
オレはフラーレン！
ダイヤモンドと同じ
炭素同素体で
サッカーボールの…
あー、待って
待って、ちょっと、
無理っ…
どよん
サッ
フラーレン
そういう難しい話とか
化学記号とか苦手なのよ…
もう大変な
勉強なんか
したくないし
しかた
ないなーっ
じゃあコレ！
はいっ
ずいっ
ガーン
…
図鑑？
これは
『美容成分
キャラ図鑑』！
私たちのことが
読みやすく
書いてあるわ
知れば知るほどキレイになれる！
CHARACTER ENCYCLOPEDIA
美容成分
キャラ図鑑
小西さやか
成分キャラ図鑑
へえ～

本当だ！
あなたたちが
出ている！
わかりや
すいかも
へぇ〜〜
なる
ほどー
えっ!?　この
成分聞いたこと
あったけど、
こんなにスゴイ
成分だったの!?
バッ
…これ読んだら
パッケージに書か
れていることもわかる
ようになるかな？
もちろんよ
わかるだけじゃなく
正しい知識を得れば
自分に合ったスキンケアが
見えてくるはずよっ！
ふふん
よーし!!!
何だかわくわく
してきた！
ちゃんと勉強して
理想の肌に
近づくぞ！
わーーーっ!!
その調子よ！
君ならできるっ！

マンガを読むだけで 美容成分の特徴がわかる!

今、この本を手に取ったあなたは、「自分に合う化粧品がわからず肌悩みが解決できない」、「人気の化粧品を一通り試してみたけどピンとこない」、「高級化粧品を試したけど満足できない」など化粧品の選び方で悩んだことはありませんか？　その悩みは、もしかしたら**肌悩みに適した「美容成分」を選べていないからかもしれません。**成分と聞くと難しいイメージを持ち、それだけで拒否してしまいがち。実は私も化粧品を開発していたときは、成分の化学式や特徴を覚えるのが苦手でした。

この本は、美容成分を楽しく学んでほしいという思いから書きました。**約260種類**の成分を肌悩み別に分け、主なものはキャラクターやマンガで働きを説明しています。例えば、美白成分でもシミを予防する成分、シミを薄くする成分など働きに違いがあるので、それぞれの特徴や効果の違いをわかりやすく解説するよう心がけました。

勉強するという感覚ではなく、マンガを読んでいたらいつの間にか成分の特徴が身についてしまう、そんな本になっていたらうれしく思います。

私が代表理事を務める日本化粧品検定協会は、中立な立場で科学的根拠のある正しい知識を普及する活動を行っています。この本も、成分のよし悪しを語るのではなく、中立な立場で確かな裏づけのある情報を載せました。**日本化粧品検定のテキストにも掲載されている主要な成分をまとめているので、検定を受験される方は参考書としても活用できます。**

美容成分の正しい特徴を知ることでコスメの成分が読めるようになり、化粧品を効果的に選べるようになったなら、毎日のお手入れがより楽しくなるはずです。この本で肌悩みが解決できたなら、著者としてこれほどの喜びはありません。

読んでくださるすべての方に感謝を込めて。

小西さやか

本書の使い方

本書は、PART1「化粧品と美容成分のキホン」、PART2「美容成分キャラクター図鑑」、PART3「もっと知りたい！　化粧品の成分」の3パートに分かれています。PART2では、化粧品に含まれる美容成分をキャラクター化して、その働きをマンガにしています。

表示名称

化粧品のパッケージなどの全成分表示 ➡P28 に記載される名称です。医薬部外品と化粧品で表示名称が異なる場合は、[医外] [化] マークで区別しています。

日本化粧品検定に出てくる成分には、1級 検1、2級 検2 のマークがついています。

よく配合されるアイテム

該当の美容成分が、よく配合されている化粧品アイテムを示しています。

その他の効能

本書で掲載したカテゴリ以外の効能が期待できる場合、マークで示しています。

美容成分をキャラクター化

カタカナや記号、アルファベットで構成された美容成分名は、とっつきにくくて苦手、という人も少なくありません。そこで、主な美容成分をキャラクター化しました。楽しく読めて、学べます。

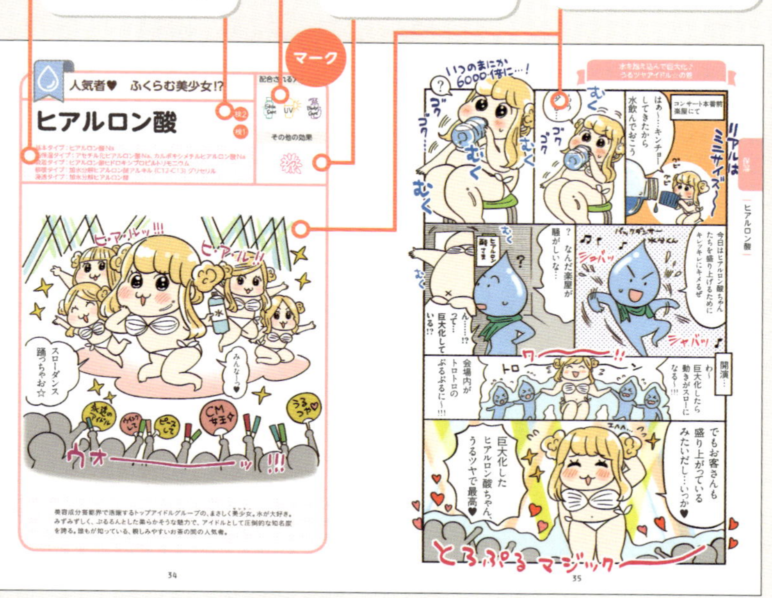

マーク

配合されるアイテム

クレンジング・洗顔

スキンケア

UV

ボディケア

ヘアケア

※アイテム、効果は主なものを示しています。

その他の効果

保湿

美白

ニキビ

抗炎症

再生　抗酸化　抗シワ

エイジングケア

医薬部外品に配合される美容成分（有効成分）であることを示しています。

成分のなりたちや作用の説明

その成分のいちばんメインとなっている作用や、抽出方法など、基本的な情報が書かれています。

そのほかに期待できる効能や働き

補足内容も、図解を交えて、目で見てわかるように整理しています。

バツグンの保水力ととろんとした触感が特徴

ヒアルロン酸は、たった1gで2～6L（最大6000倍！）の水分を抱え込むことができる保湿成分です。もともと人の肌の真皮に存在し、水分をたっぷり含んでクッションのような働きをしています。ヒアルロン酸の量が減るとハリや弾力が低下することがわかっています。

ヒアルロン酸は多糖類からできていて、肌につけると、肌の角層 P20 にとどまり、たくさんの水分と結びついて抱え込み、ふくれます。一方、同じ真皮に存在する成分でも、コラーゲン P38 はタンパク質でできているため、包み込む水の量が少なく、あまりふくれません。その結果、肌の水分量が高まり、乾燥を防ぎます。また、0.01%程度のごくわずかな量でも、とろっとしたテクスチャー（質感）が加わります。このため、使い心地を調整するのにも貢献しています。

原料としてのヒアルロン酸は粉状です。化粧品に配合しやすいように1%水溶液が原料として販売されており、それをそのまま化粧品にし、原液とうたって販売しているものもあります。

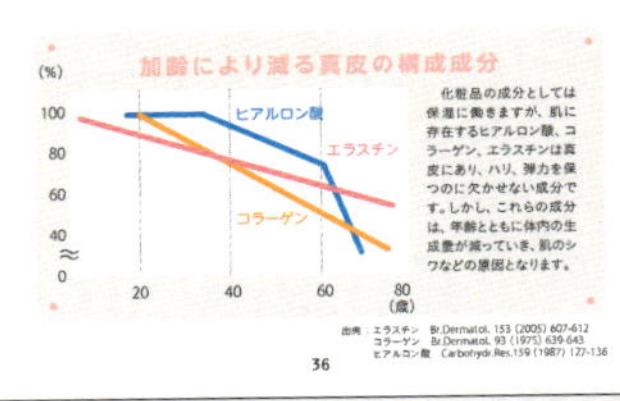

出典：エラスチン　Br.Dermatol. 153 (2005) 607-612
コラーゲン　Br.Dermatol. 93 (1975) 639-643
ヒアルロン酸　Carbohydr.Res.159 (1987) 127-136

36

ヒアルロン酸の種類と特徴

化粧品に配合されるヒアルロン酸は、ニワトリのトサカなどの動物から得られる天然のものと、微生物を使った発酵法（バイオ）で得られるものがあります。天然のものは貴重で高価なため、一般的な化粧品には発酵法のものが多く使われています。

また、分解してサイズを小さくしたり、特別な構造を結合させるなどして機能性を高めたりなど、さまざまな種類のヒアルロン酸がつくられています。化粧品にどのようなヒアルロン酸が配合されているかは、全成分表示に記載された表示名称を確認することでわかります。

ヒアルロン酸 5つのタイプ

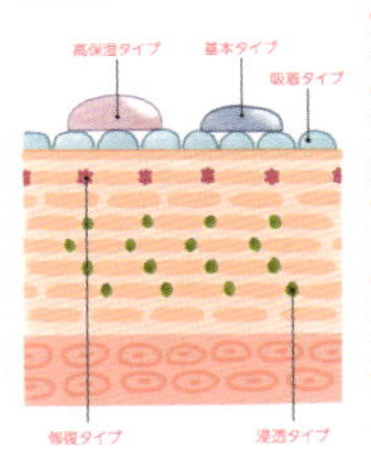

●基本タイプ
いわゆるヒアルロン酸。グリセリンとの併用が効果的だがベトつき感が出てしまうことも［例：ヒアルロン酸Na］

●高保湿タイプ
少しだけ、油とのなじみやすさを付加することにより、水を取り込む力を高めている［例：アセチル化ヒアルロン酸Na、カルボキシメチルヒアルロン酸Na（愛称：スーパーヒアルロン酸）］

●吸着タイプ
イオンの力で肌に吸着し、洗っても流れにくい［例：ヒアルロン酸ヒドロキシプロピルトリモニウム］

●修復タイプ
油とのなじみやすさを付加し、バリア機能にアプローチする［例：加水分解ヒアルロン酸アルキル（C12-C13）グリセリル］

●浸透タイプ
サイズを小さくしているので、角層の奥深くまで浸透する［例：加水分解ヒアルロン酸］

保湿　ヒアルロン酸

37

※本書の内容は特に記載がない限り2019年6月現在の情報に基づいています。
※本書は日本化粧品検定の試験対策用テキストではありません。

CONTENTS

PART 1 化粧品と美容成分のキホン

PART 2

美容成分キャラクター図鑑

エイジングケア成分に期待できること 78

バーーン

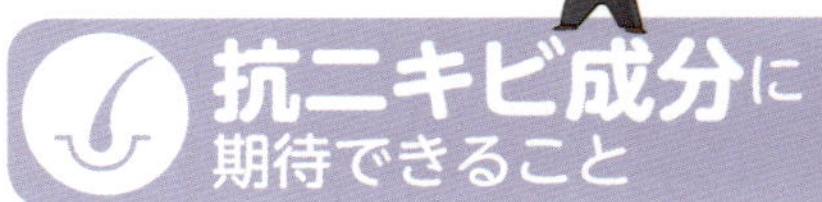

防火

PART 3 もっと知りたい！化粧品の成分

PART 1
化粧品と美容成分のキホン

カタカナや記号ばかりの化粧品のパッケージ……。くじけそうになるけれど、大丈夫！　表示にはきちんとルールがあります。各成分の特徴を学ぶ前に知っておいてほしい基礎知識をまとめました。

化粧品には何が入っている?

化粧水、美容液、クリーム……私たちが普段スキンケアに使っている化粧品には何が入っているのでしょうか？

化粧品に入っているもの

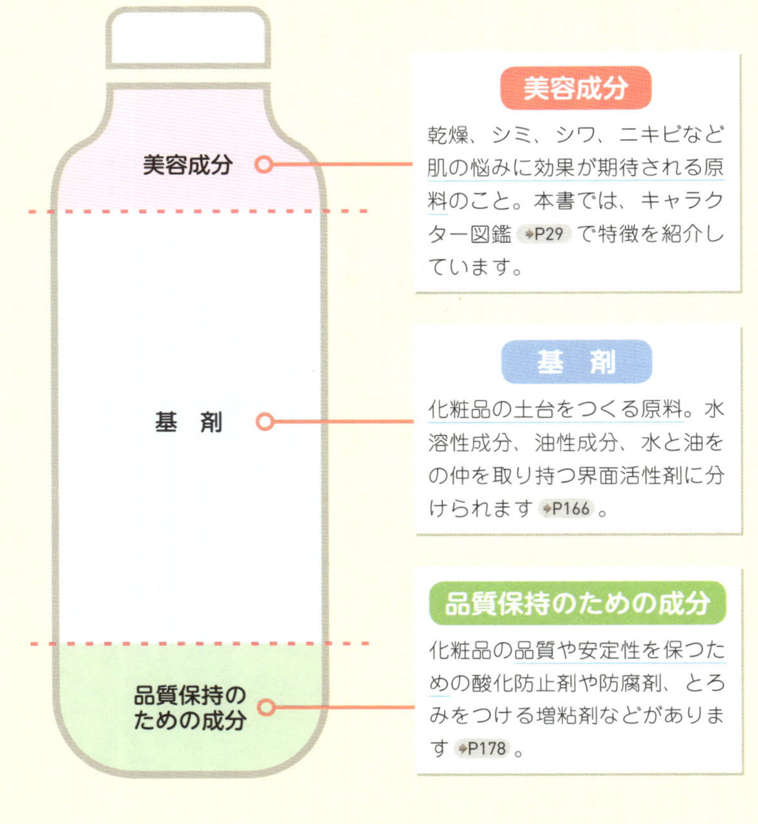

美容成分

乾燥、シミ、シワ、ニキビなど肌の悩みに効果が期待される原料のこと。本書では、キャラクター図鑑 ➡P29 で特徴を紹介しています。

基　剤

化粧品の土台をつくる原料。水溶性成分、油性成分、水と油をの仲を取り持つ界面活性剤に分けられます ➡P166 。

品質保持のための成分

化粧品の品質や安定性を保つための酸化防止剤や防腐剤、とろみをつける増粘剤などがあります ➡P178 。

美容成分と医薬部外品

シミやニキビを防ぐなど、一定の効果が認められている成分（有効成分）が規定量配合された化粧品で、厚生労働省に申請をして、効果や安全性などが認められたものは「医薬部外品（薬用化粧品）」に位置づけられ、一般の化粧品と区別されています。

つまり、同じ「化粧品」でも「普通の化粧品」と「医薬部外品」がある！

普通の化粧品

美容成分は配合されているが、医薬部外品の承認を得ていない。

医薬部外品

有効成分が規定量入っていて、安全性、有効性などのさまざまな試験をクリアしており、厚生労働省の承認を受けている。

本書では「医薬部外品」の有効成分として認められている成分には 医外 のマークをつけています。

「ニキビを防ぐ※」など特定の効果を表示できる

「医薬部外品」または「薬用」と必ず表記されている

※洗い流すアイテムでは、化粧品でも表示可能。

肌の構造と役割を知っておこう

美容成分のお話の前に、肌について
もう少し知っておきましょう。

肌の構造

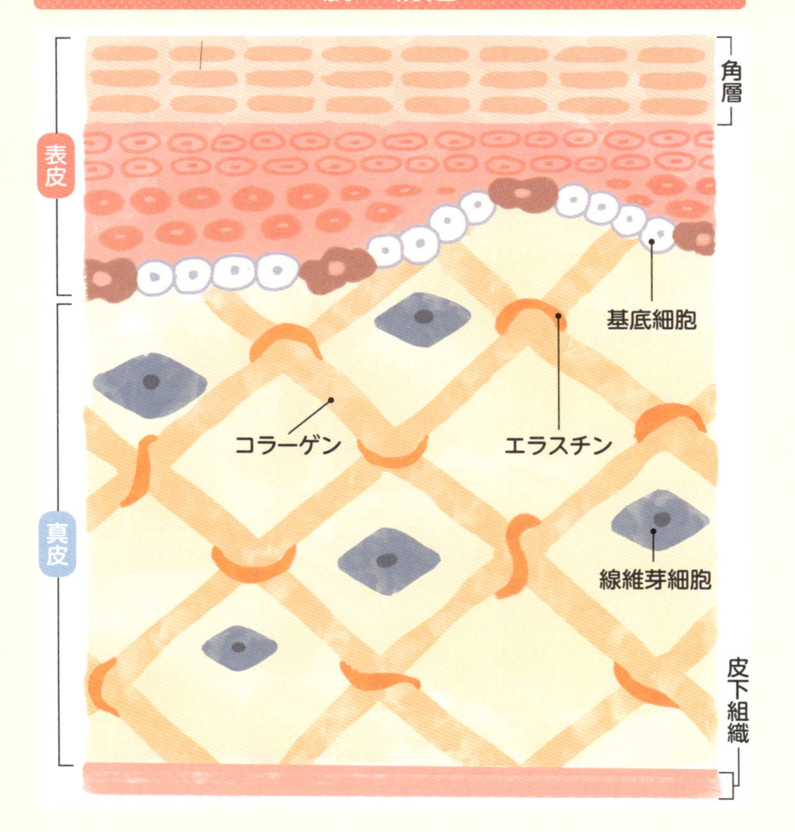

表皮と真皮の役割と機能を理解しよう

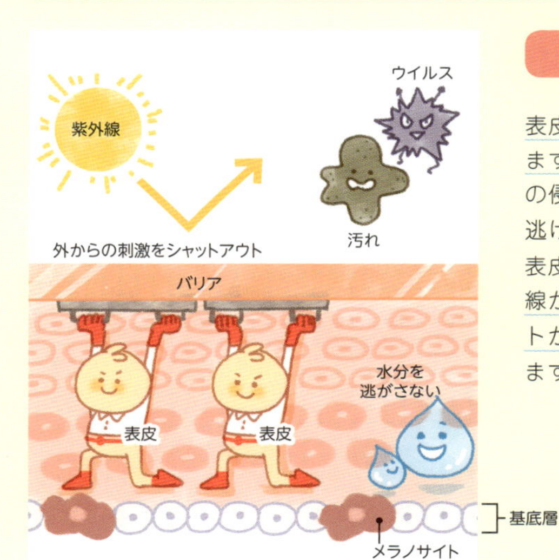

表皮

表皮にはバリア機能があります。外からの刺激や異物の侵入と、内側から水分が逃げるのを防いでいます。表皮のいちばん下には紫外線から肌を守るメラノサイトが存在する基底層があります。

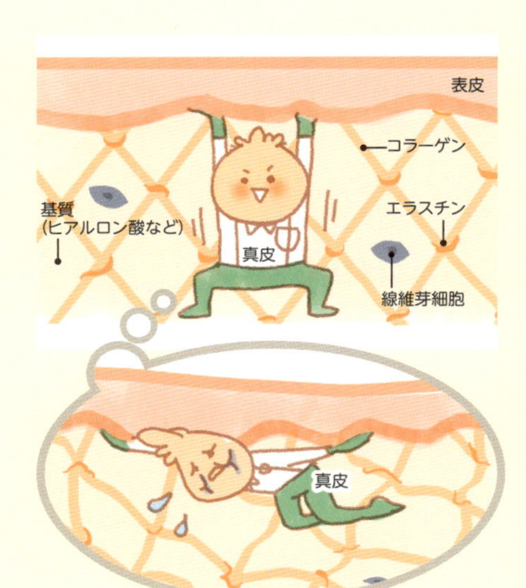

真皮

真皮は皮膚のハリと弾力を維持します。ベッドにたとえるとコラーゲンがバネ、エラスチンがコラーゲンを束ねるゴム、ヒアルロン酸がその中を埋める綿のような役割をそれぞれ果たしており、肌のハリと弾力を維持しています。

"理想的な肌"とは?

理想的で健康的な肌は、水分と油分のバランスがよく、
バリア機能がしっかりとしている状態です。

水分と油分のバランス

角層の理想の水分量は約20%といわれ、NMF（天然保湿因子）・皮脂・細胞間脂質によって保たれています。皮脂の分泌が少ないと乾燥肌、多すぎるとニキビの原因になります。

理想的な水分油分バランス

刺激 ③ ② ① 水分

バランスが崩れた状態

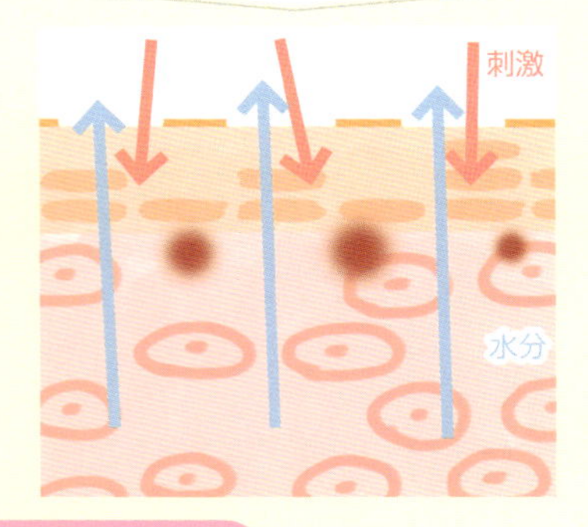

① 細胞間脂質
水分を挟み込んで保持する

② NMF
水分をつかまえる

③ 皮脂
水分を閉じ込めて逃さない

表皮が生まれ変わるターンオーバー

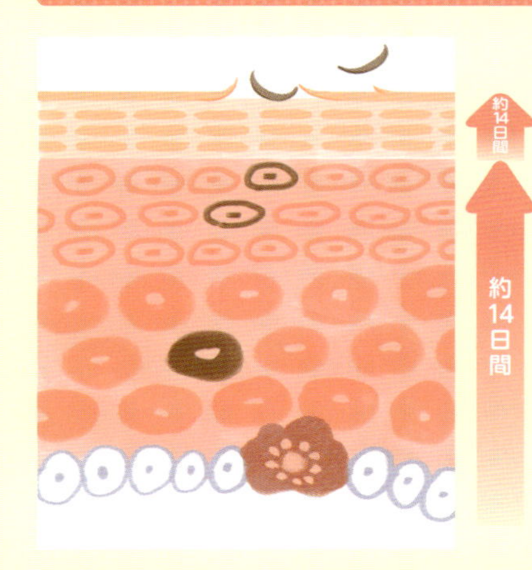

表皮の細胞が生まれてからアカとなってはがれ落ちるまでの周期をターンオーバーと呼び、およそ28日間が理想だといわれています。この周期が早くても遅くても肌トラブルの原因になります。

美容成分は表皮と真皮に働きかける

表皮内部や真皮への働きかけが期待されていますが、法律上化粧品が表現できるのは、「角層まで浸透する」です。

医薬部外品は、それより深い部分まで効果が認められているものもあり、有効成分によりメラニンの生成の抑制やシワ改善など表皮内部や真皮にも働きかけます。

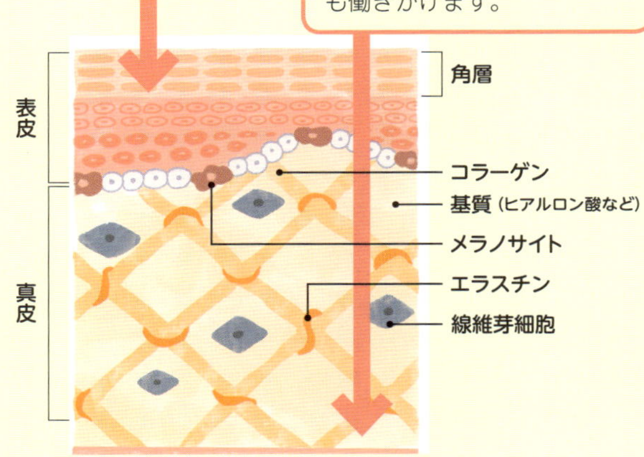

スキンケア化粧品の種類

本書では、肌の調子を整えるための「スキンケア化粧品」を中心に解説しています。スキンケア化粧品にはどのような種類があるか見てみましょう。

化粧水

目的 肌に水分、うるおいを与え、肌を柔軟にします。また、収れん化粧水といって、毛穴の引き締め効果や皮脂分泌を抑制する作用を持つものも。ふきとり化粧水は、クレンジング ➡P27 後に肌に残った油分や汚れを落とすために使います。

成分 水、水溶性成分 ➡P168 が9割近く入っているものが多い。近年の化粧水はより美容液に近く、美白、ニキビ、エイジングケアなど、肌悩みに効果が期待できる成分＝美容成分が配合されているものも増え、目的別に選べるようになってきています。

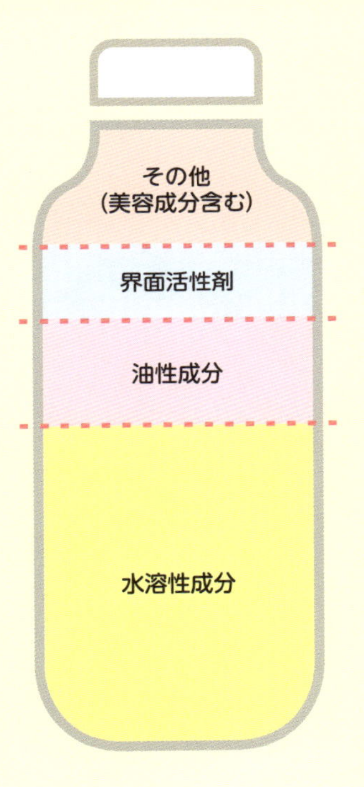

乳液

目的 肌に水分だけでなく、油分もバランスよく与えるのが目的。日中に使うものは、日焼け予防の効果がプラスされている場合もあります。さっぱり、しっとりなど使用感も違うので、肌質や季節によって使用するものを変えてもいいでしょう。

成分 水溶性成分と油性成分 ➡P170 の両方が入っているため、それを混ぜ合わせる界面活性剤 ➡P174 も配合されています。化粧水同様、美白、ニキビ、エイジングケアなどの美容成分が配合されているものが多くなっています。

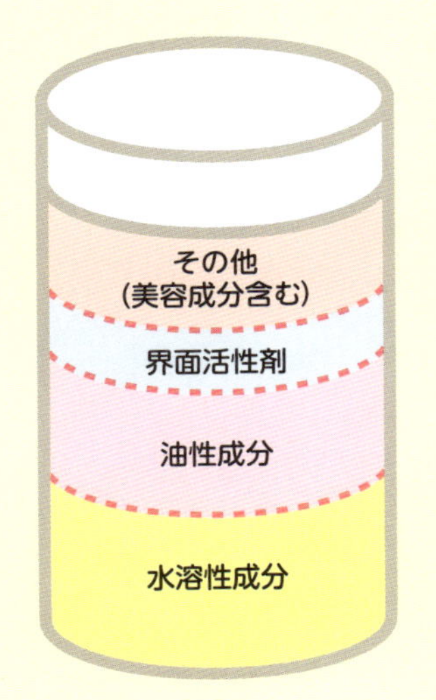

クリーム

目的 肌に油分を中心に与えるために使われ、前につけた化粧水にフタをし、水分の蒸発を防ぐ効果があります。水に溶ける成分だけではなく油に溶ける成分をより多く配合できるので、さらに高機能なものが多くなっています。

成分 乳液よりもさらに油性成分が多く配合されており、うるおいを保つ効果が期待できます。美容成分の割合は化粧水や乳液より多く配合されることもあり値段も高くなっています。習慣的に使用できるといいでしょう。

美容液

目的 効果・効能に対する期待値が高く、日常のお手入れに取り入れたいアイテム。化粧水、乳液のように基剤の状態を表している名称ではなく、美容成分がたっぷり入ったアイテムという意味なので、形状は乳液状、ジェル状など、さまざまなタイプがあります。

成分 一般的に、美容成分を多く配合しています。配合されている美容成分の特徴をよく捉えて、お悩み別、目的別に合わせて選べるようになると、より効果的です。

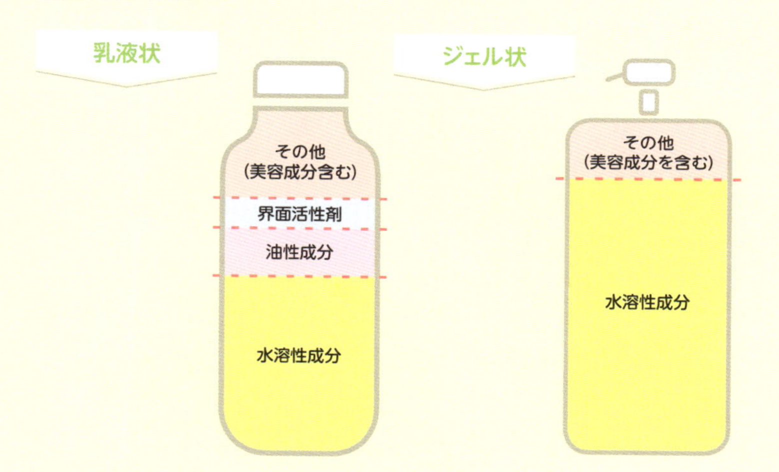

美容液分類の一例

部位別
- 目元用美容液
- 首用美容液
- スポット用美容液

用途別
- 導入美容液
- 化粧下地タイプ美容液
- 紫外線防止タイプ美容液

悩み別
- 保湿 ➡P30
- 美白 ➡P54
- エイジングケア
  〈抗シワ、再生、抗酸化〉 ➡P78
- 抗ニキビ ➡P122
- 抗炎症〈肌荒れ〉 ➡P148

クレンジング

目的 洗顔前に、落ちにくいメイクアップ化粧品を落とすのが目的。メイクを浮かせ、浮いた汚れと水を混ぜて流し、落とします。クリーム状、オイル状など、いくつかの形状があり、それぞれ使用感や洗浄力に違いがあります。

成分 洗い流すため、美容成分は少なめなものが多いです。メイク汚れ（油分）に溶け込んで浮かせる油性成分と、その浮かせた汚れと混ぜる水や水溶性成分、両者を混ぜ合わせるための界面活性剤が配合されています。水系ジェルの場合は界面活性剤で汚れを落とします。

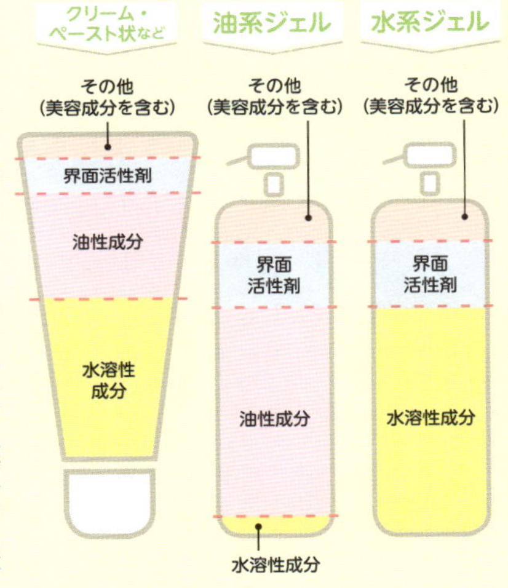

洗顔

目的 水だけでは落ちない汗や皮脂、ほこりなどの汚れを洗い流すのが朝の洗顔で、肌に残ったクレンジング料やクレンジングで落としきれなかったメイクアップ化粧品、そして汚れを洗い流すのが夜の洗顔です。

成分 弱アルカリ性の石けん系と弱酸性のアミノ酸系があり、洗浄成分が違います。洗い流してしまうので、美容成分は少なめに配合されています。一部、角質肥厚に作用するAHA（リンゴ酸 ➡P144 など）が配合されているものもあります。

石けん系
その他（美容成分を含む）
脂肪酸
アルカリ
界面活性剤
油性成分
水溶性成分

アミノ酸系
その他（美容成分を含む）
アミノ酸系界面活性剤
界面活性剤
油性成分
水溶性成分

化粧品成分を読んでみよう!

化粧品のパッケージには「その化粧品はどういうものでできているか」、つまり配合されているすべての成分が書かれています。カタカナやアルファベットが多く、とっつきにくい印象を与えますが、これが読めれば化粧品への理解がぐっと深まります。

全成分表示の例

グリセリン、BG、グリチルリチン酸2K、トレハロース、ヒアルロン酸Na、エタノール、PEG-60水添ヒマシ油、メチルパラベン、サリチル酸、酢酸トコフェロール、水

キャラ図鑑で扱う成分は…

グリセリン、BG、グリチルリチン酸2K、トレハロース、ヒアルロン酸Na、エタノール、PEG-60水添ヒマシ油、メチルパラベン、サリチル酸、酢酸トコフェロール

表示には以下のようなルールが決められています。

1. 配合量の多い順にすべて記載する

2. 配合量が１％以下の成分の記載は順不同

3. 着色成分はすべてまとめて最後に記載する

本書に記載されている成分がわかるようになれば全成分表示の内容も理解できるようになります。具体的な読み解き方は182ページ以降の例題をご覧ください。

※本書では、美容成分である保湿成分はピンク、美白は青、エイジングケアは橙、抗ニキビは紫、抗炎症は緑、その他の成分（基剤など）は灰色で色分けしています。

美容成分
キャラクター図鑑

「保湿」「美白」「エイジングケア」

「抗ニキビ」「抗炎症」など、

お悩み（目的）別にご紹介していきます。

保湿成分に期待

どうして肌は乾燥するの？

肌のうるおいとは肌表面の水分量のことで、年齢とともに減少していきます。さらに水分を保つ働きをする皮脂も20歳頃から減少しはじめ、40歳頃からは急激に減りはじめるため、加齢による乾燥状態を引き起こします。

（正常な肌）

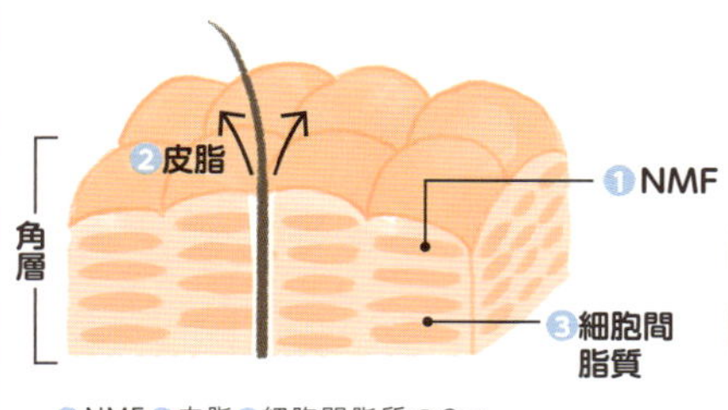

①NMF ②皮脂 ③細胞間脂質の3つの保湿因子によって肌のうるおいが保たれている。

（乾燥状態）

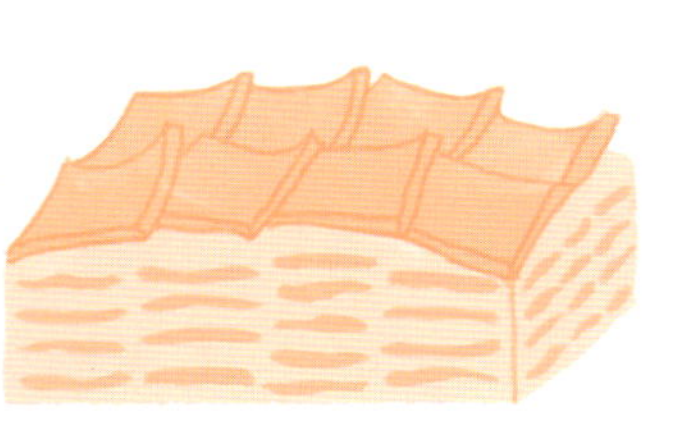

ターンオーバーの乱れや加齢などが原因で保湿因子が減ってしまい、乾燥した状態。

肌のうるおいを保つ

肌には本来、保湿成分である①NMF（天然保湿因子）と油分である②皮脂や③細胞間脂質があります。この３つの保湿因子はターンオーバーの乱れや加齢などが原因で減ってしまうことがあります。また、洗顔のしすぎなどによってNMFが洗い流されたり皮脂や細胞間脂質などの肌の油分が奪われたりして、水分が蒸発しやすくなってしまうこともあります。このような、乾燥している状態の肌に水分を与えてキープするのが保湿成分なのです。

できること

保湿成分の種類

成分によって、保湿のしかたはいろいろです。

うるおいを与える ⟷ うるおいをキープする

そそぐ

成分例
精製水

特徴
角層に水分を届ける

つかむ

成分例
アミノ酸、NMF、グリセリン

特徴
水分を吸収する性質がある。湿度が低いと保湿力も下がる

抱え込む

成分例
ヒアルロン酸、コラーゲン

特徴
水分を抱え込む。湿度が下がっても、水分を手放さない

挟み込む

成分例
セラミド、レシチン、スフィンゴ脂質

特徴
水分を挟み込んでしっかりとキープする

フタをする

成分例
スクワラン、ホホバ油、ワセリン

特徴
一度肌に入った水分が蒸発しないようにする（エモリエント効果）。油に溶ける

1. 強い洗浄力を持つクレンジングや洗顔料を避ける
2. 上記のうるおい成分に注目してスキンケア化粧品を選ぶ
3. 乳液やクリーム、オイルなど（油分入りコスメ）を使ってしっかりとフタをしてうるおいをキープする
4. シートマスクやパックなど、密閉効果の高いアイテムで集中保湿する

みんなーっ
今日もスローダンス踊っちゃおう♪
人気者♥ ふくらむ美少女!?
ヒアルロン酸
トロトロ、ぷるぷるしていってねー♥
!!
キャー
甘い物も好きだけど
水がなくっちゃ生きていけないの！
芸人の糖類ちゃん登場！
ドッ
アハハハ
食レポで人気沸騰!!
糖類
世界中のみんなーっ！
いつでもどこでも、つながれるよー☆
ファンとずっとつながるアイドル
リピジュア

保湿

細胞たちをぷるぷる喜ばせる芸能人

ここで活躍する成分キャラたちは濃くて華やかな芸能人。デビュー予備軍、トップアイドル、芸人、そして彼らを取り持つ敏腕司会者。彼らがお茶の間のファン＝細胞を喜ばせれば喜ばせるほど、細胞たちはぷるぷるになっていきます。

人気者♥　ふくらむ美少女!?

ヒアルロン酸

検2

検1

基本タイプ：ヒアルロン酸Na
高保湿タイプ：アセチルヒアルロン酸Na、カルボキシメチルヒアルロン酸Na
吸着タイプ：ヒアルロン酸ヒドロキシプロピルトリモニウム
修復タイプ：加水分解ヒアルロン酸アルキル（C12-13）グリセリル
浸透タイプ：加水分解ヒアルロン酸

配合されるアイテム

その他の効果

美容成分芸能界で活躍するトップアイドルグループの、まさしく美少女（センター）。水が大好き。みずみずしく、ぷるるんとした柔らかそうな魅力で、アイドルとして圧倒的な知名度を誇る。誰もが知っている、親しみやすいお茶の間の人気者。

水を抱え込んで巨大化♪
うるツヤアイドル☆の巻
スタート
コンサート本番前
楽屋にて
はぁ〜…キンチョーしてきたから水飲んでおこう
リアルはミニサイズ〜
もう少し…
むく
ゴク
ゴク
?
いつのまにか6000倍に…!
ゴク
ゴク…
むく
むく
むく
今日はヒアルロン酸ちゃんたちを盛り上げるためにキレッキレにキメるぜ
バックダンサー水分くん
シュバッ
シャバッ
?なんだ楽屋が騒がしいな…
ヒアルロン酸さま
ん……!?って…巨大化している!?
むく
むく
開演…
わ〜巨大化したら動きがスローになる〜!!!
ワ〜〜!!
トロ〜ン
会場内がトロトロのぷるぷるに〜!!!
でもお客さんも盛り上がっているみたいだし…いっか♥
エヘヘ…
巨大化したヒアルロン酸ちゃん、うるツヤで最高♥
とろぷるマジック〜

バツグンの保水力と
とろんとした触感が特徴

ヒアルロン酸は、たった1gで2～6L（最大6000倍！）の水分を抱え込むことができる保湿成分です。もともと人の肌の真皮を中心に存在し、水分をたっぷり含んでクッションのような働きをしています。ヒアルロン酸の量が減るとハリや弾力が低下することがわかっています。

ヒアルロン酸は多糖類からできていて、肌につけると、肌の角層➡P20にとどまり、たくさんの水分と結びついて抱え込み、ふくらみます。一方、同じ真皮に存在する成分でも、コラーゲン➡P38はタンパク質でできているため、包み込む水の量が少なく、あまりふくらみません。その結果、肌の水分量が高まり、乾燥を防ぎます。また、0.01％程度のごくわずかな量でも、とろっとしたテクスチャー（質感）が加わります。このため、使い心地を調整するのにも貢献しています。

化粧品に配合されるヒアルロン酸自体は粉状です。化粧品に配合しやすいように1％水溶液が原料として販売されており、それをそのまま化粧品にし、原液とうたって販売しているものもあります。

加齢により減る真皮の構成成分

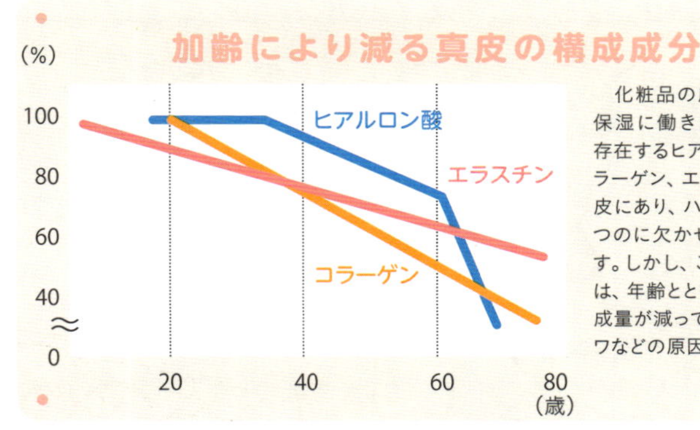

化粧品の成分としては保湿に働きますが、肌に存在するヒアルロン酸、コラーゲン、エラスチンは真皮にあり、ハリ、弾力を保つのに欠かせない成分です。しかし、これらの成分は、年齢とともに体内の生成量が減っていき、肌のシワなどの原因となります。

出典：エラスチン　Br.Dermatol､153（2005）607-612
コラーゲン　Br.Dermatol､93（1975）639-643
ヒアルロン酸　Carbohydr.Res.159（1987）127-136

ヒアルロン酸の種類と特徴

化粧品に配合されるヒアルロン酸は、ニワトリのトサカなどの動物から得られる天然のものと、微生物を使った発酵法（バイオ）で得られるものがあります。天然のものは貴重で高価なため、一般的な化粧品には発酵法のものが多く使われています。

また、分解してサイズを小さくしたり、特別な構造を結合させるなどして機能性を高めたりなど、さまざまな種類のヒアルロン酸がつくられています。化粧品にどのようなヒアルロン酸が配合されているかは、全成分表示に記載された表示名称を確認することでわかります。

ヒアルロン酸 5つのタイプ

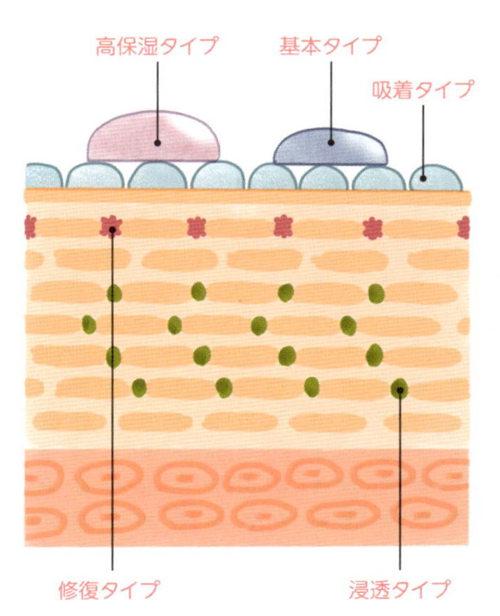

●**基本タイプ**
いわゆるヒアルロン酸。グリセリンとの併用が効果的だがベトつき感が出てしまうことも［例：ヒアルロン酸Na］

●**高保湿タイプ**
少しだけ、油とのなじみやすさを付加することにより、水を取り込む力を高めている［例：アセチルヒアルロン酸Na（愛称：スーパーヒアルロン酸）、カルボキシメチルヒアルロン酸Na］

●**吸着タイプ**
イオンの力で肌に吸着し、洗っても流れにくい［例：ヒアルロン酸ヒドロキシプロピルトリモニウム］

●**修復タイプ**
油とのなじみやすさを付加し、バリア機能にアプローチする［例：加水分解ヒアルロン酸アルキル（C12-13）グリセリル］

●**浸透タイプ**
サイズを小さくしているので、角層の奥深くまで浸透する［例：加水分解ヒアルロン酸］

新人アイドルたちの大きな目標

コラーゲン

検2

配合されるアイテム

その他の効果

基本タイプ：水溶性コラーゲン、アテロコラーゲン
高保湿タイプ：サクシノイルアテロコラーゲン、
ミリストイルサクシニルアテロコラーゲン
浸透タイプ：加水分解コラーゲン

アイドルグループのリーダーであり、大黒柱。アミノ酸 ➡P46 たちのオニイサン的存在で、新人たちの目標であり、憧れの的。大きいコラーゲンは細胞をうるぷるにし、小さいコラーゲンはハリ・弾力を与えてくれる。

ファン（細胞）とファンの間にスルッ♪
ビッグ★スターの巻
本日はコラーゲン単独ライブにお越しいただき
誠にありがとうございます！
これよりライブがはじまります
ワアアアア
キャアアアア
会場のみんなー!! 今日は一緒に盛り上がってぷるぷるになってくれよな!!
よろしく!!
キャア～～～!!!!
新曲はみんなで手をつないで心を1つにする
プルプル～
プルー～
プルウルウル～
真皮席（二階席）も盛り上がっているかーい!?
ウオオオオ
キャアア
真皮席にはさすがに来てくれないかなぁ…
ってウソ!? 来てくれた!?
ジャーン!!
バッ
二階席
真皮席だろうと小さく変身して会いに行くさ
みんなでぷるぷるになれるライブなんだから!!
ウルプルーーッッッ!!
新曲もよすぎて、うるぷるが止まらないよぉ!!
ッキャーー!!
わ、私たち、コラーゲンのファンでよかった☆
細胞たちはハリ、弾力アップ、うる☆ぷるを実現した。

肌表面に保護膜をつくって水分を逃さない

コラーゲンは、もともととても大きな分子でできています。いくつかの種類があり、分子の大きさによって効果が異なります。

分子が大きい水溶性コラーゲンは肌の表面上で水分の蒸発を防ぐ力があり、肌表面を保湿する効果に優れています。

一方、分子の小さいコラーゲン（加水分解コラーゲン）は、角層内部まで浸透し、角層の水分を保つ効果があるほか、「コラーゲンをつくれ」という指令を出して、肌のハリ、弾力を高める効果があるものもあります。

また、コラーゲンの構造を一部変えて保水性をよくしたサクシノイルアテロコラーゲン、さらに肌なじみをよくしたミリストイルサクシニルアテロコラーゲンもあります。

コラーゲンの大きさと種類

種類	分子の大きさ	形	効果	浸透力	保水力
基本、高保湿タイプ（コラーゲン）	大 約30万	三重らせん構造	肌表面の保湿	低	高
浸透タイプ（加水分解コラーゲン、コラーゲンペプチド）	数百～数千	短く切ったもの	角層内の保湿 ハリ、弾力アップ	↓	↓
アミノ酸	100～200 小	点々	角層内の保湿	高	低

身体のあらゆる部分に存在し 肌のハリ、弾力をつかさどる

コラーゲンは身体のさまざまな組織に欠かせない成分。特に肌では真皮の構成成分として働き、肌にハリ、弾力を与えます。加齢により変性したり量が減ったりする ➡P36 ので、化粧品などで肌での生成を促す必要があります。コラーゲンドリンクを取り入れるのも効果的です。

コラーゲンの種類と特徴

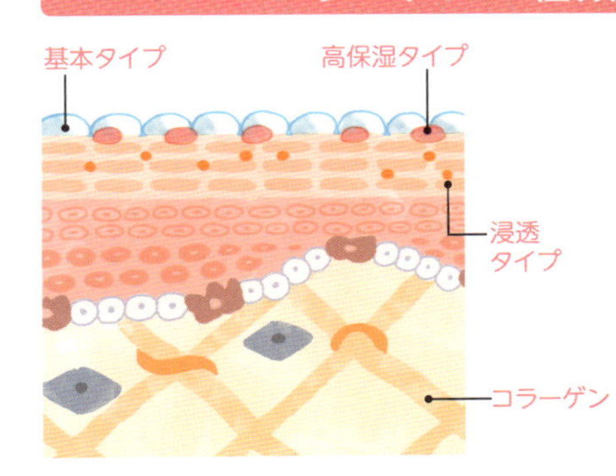

●基本タイプ
うるおいを守る働きがある。保水にすぐれたコラーゲン［例：水溶性コラーゲン、アテロコラーゲン］

●高保湿タイプ
肌なじみをよくし角層を満たす［例：サクシノイルアテロコラーゲン、ミリストイルサクシニルアテロコラーゲン］

●浸透タイプ
低分子なので角層のすみずみまで浸透し、うるおいを届ける［例：加水分解コラーゲン］

コラーゲンドリンクって効くの？

以前は、コラーゲンは食べても体内で分解され、肌には直接届かないと考えられていました。しかし、近年の研究で、「コラーゲンは経口摂取後、主にアミノ酸に分解されるが、一部はアミノ酸が2～3個つながったペプチドとしても吸収される」ことがわかったのです。ちなみにペプチドが肌に働きかけることでコラーゲンがつくられます。

実際、コラーゲンペプチドを継続的に経口摂取すると、肌の水分量が増加するというデータもあります。つまり食べても肌にいい作用があるのです。

犬猿の仲を取り持つ敏腕司会者

セラミド

検2

配合されるアイテム

その他の効果

ヒト型：セラミドEOP、セラミドNG、セラミドAP、セラミドNP
植物型：コメヌカスフィンゴ糖脂質
擬似型：セチルPGヒドロキシエチルパルミタミド
動物型：ウマスフィンゴ脂質

敏腕司会者。仲が悪い新人（水分）とベテラン（油分）のあいだで立ち回り、ふたりをしっかりとらえて挟み込む。

油さん、怖いからちょっと苦手…
新人モデル：水分
はあ〜
水分って子、なんか感じ悪いから、この番組出たくないわぁ
大女優：油
ふ〜…
油さん、水分ちゃん、よろしくお願いしまーす！
名司会者 セラミド
バーン
おっと、さっそくバトルがはじまっている…。
水分ちゃん、この前の話、油さんに聞かせてあげて！
ペラペラ！
本当は油さんに憧れているのよね？
クイズ!!△○
バチ バチ
バチ…
はい、実は昔から油さんのファンで…
うるおう〜
え、そうなの？うれしいこといってくれるじゃない
セラミドさんがいれば油さんともうまくやっていけそう
セラミドカバーッ！
セラミドさんじゃなきゃ、水分と私はコントロールできないわ
ササササッ
ササッ
サッ
平和〜…

水と油が交互に重なりあう ラメラ構造がバリア機能を強化

セラミドはスフィンゴ脂質という、特殊な脂質の1つです。角層細胞の間を埋めるセメントのような働きをする細胞間脂質の大部分は、このセラミドでできています。

角層内部の水分を、しっかりと挟み込みとどめる性質を持ち、自身は脂質でありながらも水にもなじみやすいため、水と油がミルフィーユ状に交互に重なり合う「ラメラ構造」という独特な構造をつくり、化学物質や雑菌などの皮膚内への侵入や、肌内部の水分が外に出て蒸発することを防ぐ「バリア機能」を強化します。

もともと肌にもあるセラミドが、加齢や過度な洗顔などによって減少すると、バリア機能が低下したり乾燥や肌荒れを引き起こしたりします。セラミドを化粧品で補うと、角層内でラメラ構造を補修し、乾燥肌や敏感肌を改善したりする効果があります。

ラメラ構造って？

ラメラ構造とは、水と油が何層にも重なり合った構造で、角層細胞同士の間を埋めています。

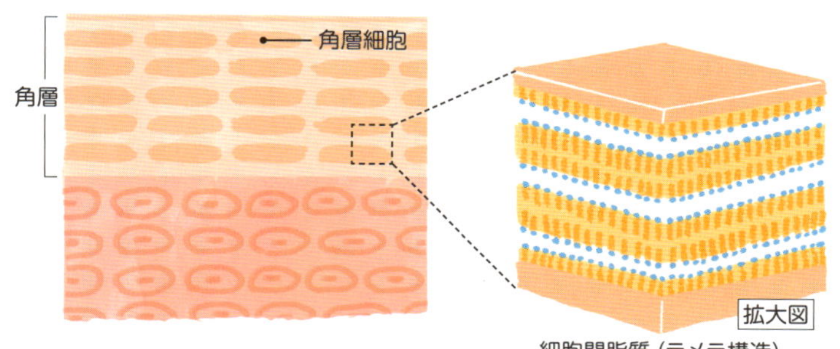

化粧品に配合されるセラミドの種類

化粧品に配合されるセラミドには、動物から得られる動物型と、ヒトにあるセラミドに構造を似せてつくったヒト型があります。これらは、角層に対してのなじみがよいとされています。しかし高温でないと溶けない、価格が高いなどの問題で配合する量を増やすことができません。

植物型セラミドや合成でつくられる擬似型セラミドは、肌なじみは劣るものの、価格面でも配合のしやすさでも優れているため、その分高配合することができ、効果を高めることができます。

タイプ	由来	表示名称
動物型	馬などから抽出	ウマスフィンゴ脂質
植物型	米／こんにゃく／トウモロコシ／大豆／ヒマワリ／パイナップル／ユズなどから抽出	コメヌカスフィンゴ糖脂質など
ヒト型	ヒトの肌にあるセラミドの構造に合わせて酵母などからつくったもの	セラミドEOP、セラミドNG、セラミドAP
擬似型	セラミドの分子構造に似せて化学合成したもの。中でも右の成分はヒト型と同程度の水分保持機能がある	セチルPGヒドロキシエチルパルミタミド

さまざまな働きをもつヒト型セラミド

さまざまなセラミドの中でもヒト型セラミドは、肌への親和性が高く効果も高いものです。構造別の種類があり、目的別に化粧品に使用されています。これらの違いがわかると化粧品選びにも役立ちます。

種類	特徴	目的
セラミドEOP（セラミド1）	肌の弾力を高める	乾燥肌用、エイジングケア用
セラミドNG（セラミド2）	セラミドの中でも極めて保水力にすぐれている	保湿剤や肌荒れ防止、改善
セラミドNP（セラミド3）	バリア機能回復効果にすぐれている	敏感肌用
セラミドAP（セラミド6Ⅱ）	ターンオーバーの正常化を促進・維持	エイジングケア用

小ささを生かしてファンのそばへ

配合されるアイテム

アミノ酸

その他の効果

アスパラギン酸、アラニン、アルギニン、イソロイシン、グリシン、グルタミン酸、クレアチン、セリン、チロシン、プロリン ほか

デビューを目指し路上ライブなど、積極的にファンと交流している。ファン(細胞)の身近にいるのが強み。

肌が持っている天然の保湿成分

アミノ酸は、肌がもともと持っている天然のうるおい成分。角層にある天然保湿因子(NMF)の52%はアミノ酸でできています。分子量がコラーゲン ➡P38 の約1/3000と小さく、角層内まで浸透するため、過度な洗顔などで失われた角層内部のアミノ酸を補い、肌本来のうるおいを取り戻してくれます。さらに、髪の毛のうるおい成分でもあるので、傷んだ髪を守る効果もあります。うるおいキープ力は弱いため、湿度が低いと保湿力が下がる傾向にあります。

NMFとアミノ酸

NMFに含まれるアミノ酸の種類は約17種類。表皮の細胞が角層細胞に変わる際、細胞の中にあるタンパク質が分解されてできます。いちばん多いアミノ酸はセリンで、全アミノ酸の約30%を占め、次いでグリシン、アラニンと続き、合わせると約55%にも達します。また、コラーゲンを構成するアミノ酸はグリシンが約1／3を占め、体内ではセリンからつくられます。肌にもともとある成分を補いたいときは、これらの成分名がヒントになります。

食レポで人気沸騰!!

糖類

基本型：単糖類／グルコース、二糖類／スクロース、トレハロース、糖アルコール／ソルビトール
多機能型：グリコシルトレハロース

配合されるアイテム

その他の効果

甘い物と水分が大好き♥
高い吸湿性で、甘い物と水分を逃さない！

空気中の水分をキャッチ

糖類には、空気中の水分を引き寄せたり、角層の水分の蒸発を抑えたりすることで、肌のうるおいをキープする働きがあります。

糖類の特徴は、水を多く抱え込めることで、保湿力にすぐれています。しかし、逆にベタつきやすいというデメリットもあり、特に、グルコース、スクロース、ソルビトールは湿度が高い季節にはベタつきやすいタイプです。ただし、冬など乾燥しやすいシーズンには活躍する保湿成分であるといえます。

甘い物を食べているところを
見るだけで幸せに？　天才食レポ♥巻

注目の糖類、トレハロース

トレハロースは、シイタケなどのキノコ類に多く含まれる糖類で、植物が乾燥や凍結などの厳しい環境を耐えぬくときに、水の代わりとなって命を守るといわれています。

化粧品には保湿成分として配合されており、トレハロースにグルコース（ブドウ糖）を結合させたグリコシルトレハロースは、さらに保湿力にすぐれ、肌荒れを抑える効果が期待されています。泡立ちをよくする効果もあり、洗顔料にもよく配合されています。

鮭をPRするご当地アイドル

プロテオグリカン

水溶性プロテオグリカン

配合されるアイテム

その他の効果

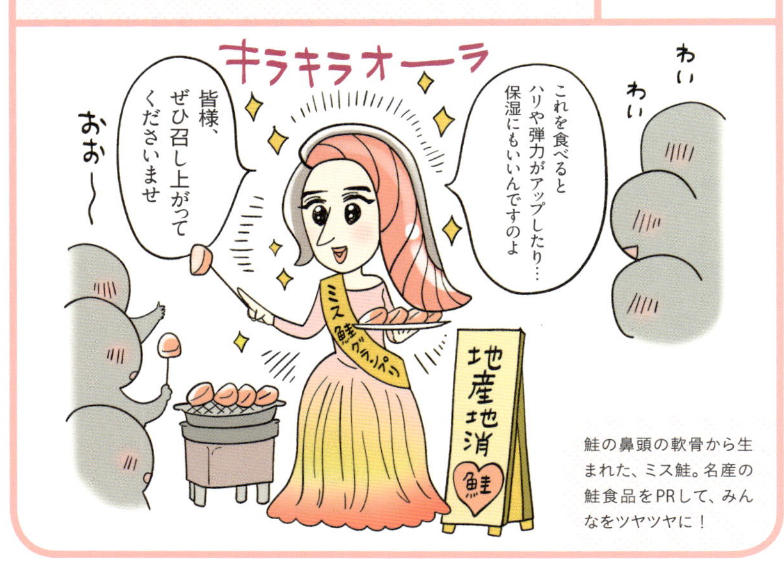

鮭の鼻頭の軟骨から生まれた、ミス鮭。名産の鮭食品をPRして、みんなをツヤツヤに！

ぷるっ！とした若い肌を保つ

体内にあるプロテオグリカンは、ヒアルロン酸 ➡P34 と同じように真皮中でコラーゲン ➡P38 とエラスチンからつくられる網目の中を埋めています。ヒアルロン酸よりも約30%も高い吸水力を持つといわれ、化粧品に配合すると角層表面でうるおいを保ちます。最近では細胞の増殖を促すEGF ➡P100 のような作用があることも確認されています。化粧品に配合されるプロテオグリカンは、鮭の鼻頭の軟骨から得られます。

ファンとずっとつながるアイドル

リピジュア

配合されるアイテム

その他の効果

ポリクオタニウム-51（全アイテム）　ポリクオタニウム-64（ヘアケア）
ポリクオタニウム-61（全アイテム）　ポリクオタニウム-65（ヘアケア）

ファンとずっとつながっていられる（肌や髪に吸着し、洗っても落ちない）二次元アイドル。

肌や髪にしっかりくっつく

リピジュアとは、細胞膜の構成成分をモデルに開発された高分子（ポリマー）です。肌表面や髪に吸着しやすく、しっとりとさせてくれます。洗っても落ちない保湿成分として、洗顔やシャンプー、ハンドクリーム、化粧水などによく配合されます。

保湿性も高く皮膚に対して低刺激なのが特徴です。界面活性剤による刺激を抑え、肌荒れを防ぎ、髪のダメージ改善も期待できます。

その他の保湿成分

キャラで紹介しきれなかった保湿成分を集めました。配合されるアイテムなど特徴に違いがあります。

水に溶ける成分（保湿）

成分名	特徴
エクトイン	砂漠の塩湖に棲む微生物が持つアミノ酸の一種。ヒトの皮膚の水分量を高く保つ作用がある。
加水分解シルク	シルクを細かく分解してつくられる成分。水に溶け、なめらかな膜を肌の上につくり、保湿効果を発揮する。
カンゾウ葉エキス	カンゾウの葉から抽出されるエキスで、セラミドの産生を促進する効果がある。
シロキクラゲ多糖体	楊貴妃が食したといわれるキノコ・シロキクラゲから抽出される成分。ヒアルロン酸よりもたくさんの水を抱えることができる。
チューベロース多糖体	チューベロース（月下香）の白い花びらから得られる粘性の多糖を、ろ過脱塩、濃縮した保湿成分。肌表面をなめらかに覆う。
ノニ（ヤエヤマアオキ果汁）	アカネ科の植物。1つ1つの角層細胞を強化し、うるおいを保つ作用がある。
ハチミツ	ミツバチが集めた花の蜜を精製したもの。肌にうるおいを与え、しなやかな状態を保つ作用がある。アカシアやソバのハチミツが傷の治りを早めるというデータもあり、リップクリームによく配合される。

油に溶ける成分（エモリエント効果）

成分名	特徴
アルガンオイル（アルガニアスピノサ核油）	油性成分。肌にハリとうるおいを与える。比較的ベタつきが少ない。
シアバター（シア脂） 検1	保湿効果と柔軟効果にすぐれており、肌表面の温度で溶けるため使用感がよい。使用感にコクを与えてくれる感触調整剤としても使われる。
スクワラン 検2	サメの肝臓に含まれる肝油から取り出して安定化させた動物性のものと、オリーブやサトウキビなどの植物から抽出された植物性のものとがある。粘度が低くさらっとしている。
馬油	馬のタテガミや尾、皮下脂肪等から得られる成分。ヒトの脂肪酸の構成比に近いため、肌なじみがよい。
ラウロイルグルタミン酸ジ（フィトステリル／オクチルドデシル）	疑似セラミドで肌のバリア機能を高める働きがある。髪のダメージをケアしたり、洗浄剤で泡質改善にも使用されたりする。

※よく知られている愛称と表示名称が異なる場合はカッコ内に表示名称を記載しています。

COLUMN

「ヒルドイド」って知ってる？

ヒルドイドは医薬品の製品名で、配合されている有効成分はヘパリンの類似物質です。血行障害を改善し、炎症を抑える作用があります。

それだけではなく、細胞間脂質が持っているラメラ構造の回復を促したり、NMF（天然保湿成分）を増加させたりといった作用があり、その保湿効果が注目されて、美容目的で処方せんを書いてもらって処方してもらうケースが増え、問題になりました。ニュースなどでも取り上げられたので、ご存じの人も少なくないでしょう。

治療としての効果を求める医薬品は、短期間の使用を想定しています。一方、化粧品はそうではありませんよね。朝夜、自分の肌に合えば長く使い続けるはずです。ヒルドイドは医薬品ですので、日常のケアに継続的に使用することを想定していません。また、一部の病気にかかっている人は使用を禁じられているなど、制約もあります。

皮膚科で処方してもらう治療薬を、化粧品の代わりに長期使用するのはやめましょう。

美白成分に期待

紫外線の影響をくい止める!

美白成分に期待するのは、やはり「シミ」や「日焼け」への効果でしょう。まずは、シミや日焼けができるメカニズムを知っておきましょう。

紫外線が肌に及ぼす影響

シミや日焼けは、紫外線を受けた肌が指令を出して、メラニンをたくさんつくり、それが蓄積してしまうのが原因です。

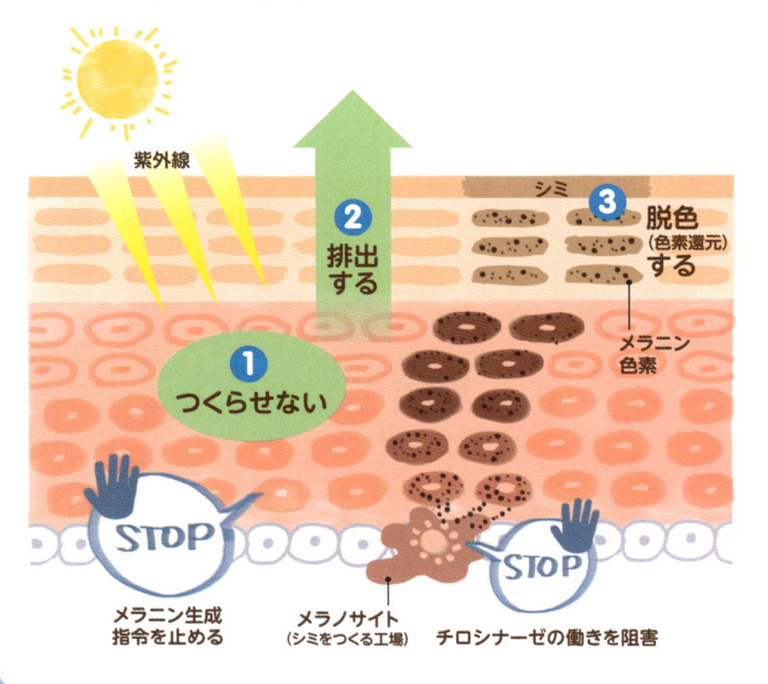

できること

美白・3つの力

美白をかなえるには①メラニンをつくらせない、②メラニンを排出する、③メラニンの色を脱色（色素還元）するの3つの方法があります。

❶ つくらせない

メラニンを生成する酵素・チロシナーゼへの指令を止めたり、働きを阻害したりして、メラニンができるのを防ぎます。

成分例

メラニン生成の指令を止める	カモミラET、トラネキサム酸、TXC（トラネキサム酸セチル塩酸塩）
チロシナーゼの働きを阻害する	ビタミンC誘導体、アルブチン、コウジ酸、エラグ酸、ルシノール、プラセンタエキスなど

❷ 排出する

ターンオーバーを促進して新陳代謝を高め、メラニンの排出を促進します。

成分例 プラセンタエキス、リノール酸S、エナジーシグナルAMP、PCE-DP、レチノール※

❸ 脱色（色素還元）する

つくられた色の濃い（茶色）酸化型メラニンを、色が薄く肌になじむ無色メラニンに変えることができます。

成分例 ビタミンC誘導体、ハイドロキノン※

※医薬部外品として認められた美白有効成分ではありません。

美白
黒爆弾の製作を阻止する美白レンジャー
メラニン色素をつくる黒爆弾工場を、美白レンジャーたちが止める！　レンジャーたちは、黒爆弾を無力化したり盗み出したり、工場員たちをだましたり……。あの手この手で細胞を守ります。
もくもく
私と一緒にドライブでもしましょ♥
長
美白成分界のマドンナ
プラセンタ

もく
もく
くらえっ すっぱい 酸!!!
美肌全般の頼もしい味方!
ビタミンC誘導体
やべっ! また白く しすぎ ちゃった… あちゃー!
黒爆弾を白くする強力なヒーロー
ハイドロキノン
黒爆弾製作工場

美肌全般の頼もしい味方！

ビタミンC誘導体

医外

配合されるアイテム

その他の効果

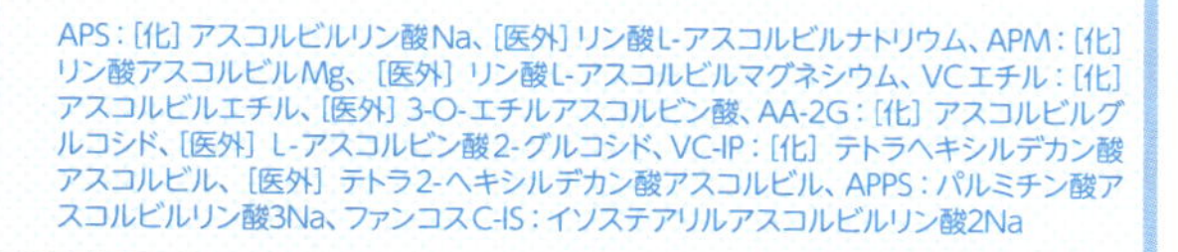

APS：[化] アスコルビルリン酸Na、[医外] リン酸L-アスコルビルナトリウム、APM：[化] リン酸アスコルビルMg、[医外] リン酸L-アスコルビルマグネシウム、VCエチル：[化] アスコルビルエチル、[医外] 3-O-エチルアスコルビン酸、AA-2G：[化] アスコルビルグルコシド、[医外] L-アスコルビン酸2-グルコシド、VC-IP：[化] テトラヘキシルデカン酸アスコルビル、[医外] テトラ2-ヘキシルデカン酸アスコルビル、APPS：パルミチン酸アスコルビルリン酸3Na、ファンコスC-IS：イソステアリルアスコルビルリン酸2Na

得意技は、すっぱい酸をブシャーッとかけて黒爆弾（＝メラニン）をまったく別の無色の玉に変えてしまうこと。また、黒爆弾をつくるチロシナーゼというスタッフの邪魔をして、工場を休業に追い込むといった手段を取ることもある。

とうっ
やーっ
ブシャーー
ふぅ…すっぱい酸で黒爆弾を白玉に無効化したぞ…
はっ!!
シュバッ
どうやら黄色レンジャーが入り込んだらしいぜ
急いで新しい黒爆弾をつくらなきゃな
…
せっかく無効化したのにらちがあかないな…
ここは1つあの作戦でいくか……ッ
いそいそ
おつかれ!! 今日はオレのおごりで飲みに行こうぜ
えっ 誰？
新入りか？ オゴリか!! やった！
その夜
全員特製すっぱい酸サワーで眠らせてやったぞ!! これでしばらくは安全だな……!!
ふーー…
ぐーぐーぐぅ

さまざまな肌トラブルに悩む人におすすめの万能な美容成分

ビタミンCは、そのままでは角層のバリアを突破することができません。また非常に不安定なため、化粧品に入れてもすぐ酸化してしまい、肌への効果を発揮できません。それを補うため、安定化すると同時に吸収を助ける成分をくっつけたのが「ビタミンC誘導体」(リン酸アスコルビルMgなど)です。

ビタミンC誘導体を肌に取り入れると、くっつけた部分が外れ、ビタミンCに戻ります。ビタミンCは、チロシナーゼという酵素の働きを抑え、メラニンをつくるメラノサイトの働きをブロックします。また、できてしまったメラニン色素の色を薄くする作用もあります。

ビタミンC誘導体は、美白以外にもさまざまな効果があり、万能な美容成分といえるでしょう。

ビタミンC誘導体のさまざまな働き

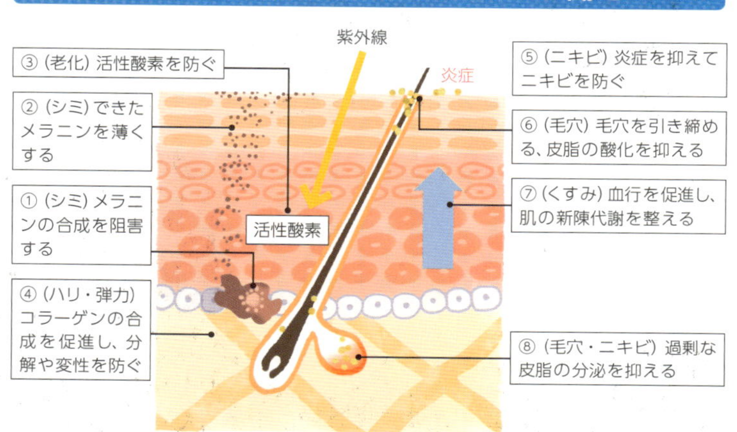

さまざまな種類のビタミンC誘導体

ビタミンC誘導体には下記のような種類があります。

ビタミンC誘導体の種類

タイプ	表示名称	特徴
水溶性即効型	APS: [化]アスコルビルリン酸Na、[医外]リン酸L-アスコルビルナトリウム APM：[化] リン酸アスコルビルMg、[医外] リン酸L-アスコルビルマグネシウム VCエチル：[化] アスコルビルエチル、[医外] 3-O-エチルアスコルビン酸	肌の中へ入りにくい。肌に入ると即効性があり、高濃度ではカサつきを感じることもある。
水溶性持続型	AA-2G:[化]アスコルビルグルコシド、[医外] L-アスコルビン酸2-グルコシド	水溶性の中で最も安定性がよい。肌へ入りにくいが、入ると持続性が高い。
油溶性	VC-IP：[化] テトラヘキシルデカン酸アスコルビル、[医外] テトラ2-ヘキシルデカン酸アスコルビル	肌の中へ入りやすい。肌の中でゆっくりとビタミンCになる。ただしビタミンCとしての含有量が低い。
両親媒性 （水溶性＋油溶性）	APPS：パルミチン酸アスコルビルリン酸3Na ファンコスC-IS：イソステアリルアスコルビルリン酸2Na	最も肌の中に入りやすく即効性も高い。さらに、細胞の中にも入りやすい。ただし、ビタミンCとしての含有量が低い。

水によく溶けるビタミンC

厚生労働省が定める成人のビタミンCの必要量は1日で100mg。2000mgまでであれば多く摂取した方が健康によいというデータもあります。しかし、1回の摂取量が500mgを超えると、消化管から吸収される量が逆に低下するともいわれているのです。

吸収されたビタミンCは、その後血液に乗って全身に送られますが、最終的に各組織の細胞に届く量は摂取した量の1/8程度なのだとか。

ビタミンCを摂る際は、1日3～5回に分け少しずつ取り入れるのが効率的です。

美白成分界のマドンナ

プラセンタ

配合されるアイテム

その他の効果

ヒト由来：ヒトプラセンタエキス
豚由来：[医外] ブタプラセンタエキス-1、[化] プラセンタエキス、[化] サイタイエキス
馬由来：加水分解ウマプラセンタ／サイタイエキス
海洋性（鮭）：加水分解サケ卵巣エキス
植物性：メロン胎座エキス　ほか

美白レンジャーのマドンナ・桃レンジャー。シミの排出や防御などの美白はもちろん、保湿、ターンオーバー促進とマルチに大活躍！　やり手と名高い黒爆弾製作工場のドンも、さすがの彼女にはメロメロ!?

得意の色じかけ♥で
工場長も骨ヌキの巻

美白

プラセンタ

豚や馬の胎盤から抽出される栄養たっぷりの成分

プラセンタには、メラニンをつくるメラノサイトに働きかけ、メラニンの生成を抑える効果があります。また、ターンオーバーを促すことで、メラニンの排出も促進します。

赤ちゃんを育む胎盤から抽出される成分で、10種類のアミノ酸、ビタミン類、ミネラル、酵素、ムコ多糖類、肌の細胞を活発にする成長因子などを豊富に含んでいます。

プラセンタの種類と特徴

<table>
<tr><th colspan="2">表示名称</th><th>由来</th><th>特徴</th></tr>
<tr><td colspan="2">ヒトプラセンタエキス</td><td>ヒト</td><td>正常分娩後に得られるヒト胎盤由来エキス。EGFやFGFなど成長因子による細胞増殖や修復が期待できる。医療機関でのみ取り扱いできる。</td></tr>
<tr><td colspan="2">[医外] ブタプラセンタエキス1、プラセンタエキス (1)、プラセンタエキス (2)、水溶性プラセンタエキス、油溶性プラセンタエキス、[化] プラセンタエキス、サイタイエキス</td><td>豚</td><td>最もポピュラー。抗生物質を与えずに飼育され、日本SPF豚協会の基準をクリアしたSPF豚の胎盤から抽出される。医薬部外品有効成分。</td></tr>
<tr><td colspan="2">加水分解ウマプラセンタ／サイタイエキス</td><td>馬</td><td>ほかの動物由来のものよりも多くのアミノ酸が含まれている。ほとんどがサラブレッドから抽出されるため、稀少価値があり、非常に高価。</td></tr>
<tr><td rowspan="2">プラセンタ類似物質</td><td>加水分解サケ卵巣エキス</td><td>海洋性(鮭)</td><td>魚卵の卵巣膜から擬似成分を抽出。胎盤ではないため、成長因子は含まれていないが、卵を育てるためのアミノ酸やコラーゲン、ヒアルロン酸が豊富。</td></tr>
<tr><td>メロン胎座エキス</td><td>植物性(メロンなど)</td><td>メロンの胎座から抽出される。発芽が起きる場所で、豊富な栄養素がある。</td></tr>
</table>

プラセンタのさまざまな効果

プラセンタは、クレオパトラも若さを保つために愛用したと伝えられており、古くから医薬品として使用されてきました。不老長寿の妙薬にはじまり、その後、漢方薬としても幅広く活用されてきました。

美白以外の効果としては、次の3つがあります。

肌荒れ防止	ハリ・弾力アップ	乾燥ケア
表皮の細胞が活性化され、肌表面が整う	真皮の細胞が活性化され、コラーゲンが増える。肌のバネが強化される	アミノ酸の保湿効果で肌がうるおう

プラセンタは、化粧品だけでなく、健康食品へも配合されています。

実際にはプラセンタをそのまま使うのではなく、水を使ってプラセンタから肌に有効なさまざまな成分を抽出した「プラセンタエキス」が配合されます。

プラセンタ注射とは

医療行為としてプラセンタは皮下もしくは筋肉注射で使用されています。更年期障害、乳汁分泌不全、肝機能障害の治療を目的とした場合は保険診療となりますが、美肌、美容、アンチエイジングを目的とした注射は保険診療で受けることは認められていません。使用するプラセンタはヒトから抽出したものが使われます。プラセンタ注射を受けると献血ができなくなります。感染症に対し安全性が確立されていないことから、注意が必要です。これらの医療行為は、医師による判断で行われます。

黒爆弾工場の作業員をやっつける

アルブチン

医外 検2

アルブチン

配合されるアイテム

その他の効果

コケモモなどの植物の葉から生まれた成分。肌の表皮に働きかけてメラニンの生成を許さない！

チロシナーゼの働きを阻害する

コケモモ、ウワウルシ、ナシなどの植物の葉に含まれている成分です。メラニンを生成する酵素「チロシナーゼ」の働きを抑えてシミ・ソバカス等の色素沈着を防ぎます。

アルブチンにはα-アルブチンとβ-アルブチンの2種類があります。医薬部外品の有効成分として承認されているのはβ-アルブチンで、多くの薬用美白化粧品に配合されています。

アルブチンとハイドロキノンの関係

α-アルブチンもβ-アルブチンも、ともにハイドロキノン ➡P74 にグルコースが結合したものですが、結合のしかたが違います。

α-アルブチンは、体内で変化してできたハイドロキノンが作用するため、効果はβ-アルブチンの10倍。しかし、ハイドロキノンと同様、安全性に対する懸念があり、医薬部外品への配合は認められていません。一方、β-アルブチンは、ハイドロキノンによる作用でないため、効果はマイルドですが、安全性は高くなります。

美白のほか肌荒れにも効果アリ

トラネキサム酸は化粧品には配合できず、医薬部外品、医薬品のみに配合することができます。美白と肌荒れに効果が認められています。

皮膚が強い紫外線を浴びると、メラニンをつくる工場であるメラノサイトを活性化させて、メラニンをつくるよう指令を出す伝達物質がメラノサイトに送られますが、トラネキサム酸には、この伝達物質の1つ「プラスミン」をブロックしてメラノサイトに届かないようにする美白効果があります。さらに、肌の微弱な炎症状態を鎮める作用もあります。

肝斑の治療や喉の炎症を抑える薬に使われる

トラネキサム酸は、人工的につくられたアミノ酸の一種で、炎症やアレルギーを鎮める作用を持っています。

湿疹や口内炎の治療を目的とした医師の処方を要する医療薬や肝斑の改善を目的とした市販薬（第1類医薬品）の有効成分としても配合されています。

肝斑とは、左右対称にできる淡褐色や暗褐色のシミのことで、紫外線や女性ホルモンのバランスの崩れが原因であるといわれています。

黒爆弾作業員を鈍らせる

コウジ酸

医外 検2

コウジ酸

配合されるアイテム

その他の効果

メラニンを生成する「チロシナーゼ」と今日も戦う、美白のスタンダード成分。

杜氏の白い手から発想を得た成分

「酒造り職人・杜氏の手は白く美しい」。そんな噂がきっかけとなって発見されたコウジ酸。味噌、しょう油、日本酒などを造る際に欠かせないコウジカビの培養発酵液の中に存在します。

肌においては、メラニンを生成する酵素「チロシナーゼ」の活性に欠かせない銅イオンを奪い取ることでチロシナーゼの働きを鈍らせ、シミ・ソバカスを防ぎます。医薬部外品の有効成分として承認されています。

シワ、たるみ、黄ぐすみにも効果が

コウジ酸は、最近の研究によると、美白のほかにハリ･弾力アップへの効果も期待できることがわかっています。活性酸素の発生を抑える働きがあるからです。

体内のタンパク質に食事から摂った糖が結合することが原因といわれている「黄ぐすみ」。コウジ酸は、「黄ぐすみ」を防ぐ効果も期待できます。糖化➡P116によりつくられる物質の生成を抑える働きがあるからです。杜氏の手が白く美しいのは「美白」効果のためだけではないのです。

メラニン工場への指令を阻止！

カモミラET

配合されるアイテム

その他の効果

カモミラET

花王によって生み出されし、美白戦士。トラネキサム酸同様に、メラニン工場への指令を阻止！

メラニン生成の伝達物質に作用する

ハーブの一種であるカミツレ（西洋名：カモミール）から抽出された美白有効成分。化粧品メーカーの花王が発見した成分です。皮膚が紫外線を受けると、シミをつくる工場であるメラノサイトに対して、メラニンの生成を増やすように指令を出す伝達物質「エンドセリン」が送られます。カモミラETはこのエンドセリンの作用を抑えてメラニンを過剰につくらせないようにし、シミ・ソバカスを防ぎます。抗炎症作用もあるといわれていますが、有効成分としては承認されていません。

ニセモノとすり替えて
指令を止める！ の巻

美白有効成分はカモミラETだけ

カモミラETは医薬部外品の有効成分として承認されていますが、花王が使用しているカミツレのエキスだけが美白有効成分として承認されているので、ほかのメーカーでは使用されていません。カミツレから抽出された成分にはほかにカミツレ花エキス、カミツレエキス（表示名称）があり、美白効果や抗炎症、抗酸化が期待されていますが、抽出方法の違いなどにより、エキスに含まれる成分が異なるため、美白有効成分としては承認されていません。

黒爆弾を白くする強力なヒーロー

配合されるアイテム

ハイドロキノン

その他の効果

ハイドロキノン
※美白を訴求できる有効成分としては認められておらず、医薬部外品に配合できません。

人呼んで「シミの漂白剤」。高い美白力を持つが、酸化、劣化に弱いという繊細な一面も。

今あるシミも未来のシミも撃退！

イチゴ、コーヒー、紅茶など、天然にも存在する成分で、メラニンを生成する酵素チロシナーゼの働きを抑える効果があります。メラニンの合成を抑える作用がアルブチン ➡P66 やコウジ酸 ➡P70 の10倍から100倍と非常に強く、また、メラニン色素を還元する効果もあるため、強力な美白成分として知られています。一方、メラノサイトに対する毒性もあり、メラノサイトが死んでしまうことによる「色抜け（白斑）」を引き起こすこともあるので医師に相談して使用してください。

古くから知られている美白成分

ハイドロキノンは、アメリカではよく知られた美白成分で、日本でも2001年から化粧品に使用することが可能になりました。しかし安全性への懸念からあまり市販の化粧品には配合されません。クリニックではシミの治療の効果を高めるために処方され、肌の再生効果が高いレチノイン酸やピーリング治療と併用されるのが一般的です。炎症やかぶれが生じるケースもあるので、使い方など医師の指示をよく守りましょう。

その他の美白成分

キャラとして取り上げた以外にも、美白成分はまだまだあります。よく配合されるものを紹介します。

医薬部外品の美白有効成分

成分名	特徴
エナジーシグナルAMP（アデノシン一リン酸二ナトリウムOT） 検2	天然酵母由来の成分で、メラニンの排出を促進する効果が期待できる。
エラグ酸 検2	イチゴ由来の成分。チロシナーゼの活性を阻害する効果が期待できる。
ニコチン酸アミド	水溶性ビタミンB群の1つでメラニンが表皮細胞に受け渡されるのを抑制し、メラニンの表面化を抑える。シワ改善の有効成分でもある。
PCE-DP（デクスパンテノールW）	表皮細胞のエネルギーを高めてターンオーバーを促進させることにより、メラニンの蓄積を抑える。肌荒れを改善する効果も。
マグノリグナン（5,5'-ジプロピル-ビフェニル-2,2'-ジオール） 検2	ホオノキの成分をもとに開発された植物由来の成分。チロシナーゼが成熟するのを阻害する効果が期待できる。
リノール酸S（リノール酸） 検2	植物油から抽出される成分。メラニン排出促進効果やチロシナーゼ分解効果が期待できる。
ルシノール（4-n-ブチルレゾルシン） 検2	もみの木に含まれる成分をヒントに、研究開発された成分。チロシナーゼの活性を阻害する効果が期待できる。
4MSK（4-メトキシサリチル酸カリウム塩） 検2	ターンオーバーの不調に着目して研究開発された成分で、チロシナーゼの活性を阻害する効果が期待できる。

化粧品の美白成分

成分名	特徴
アセロラエキス	アセロラから抽出したエキス。ビタミンCをはじめ、ポリフェノールや有機酸類を含むためチロシナーゼ活性阻害効果がある。収れん、皮膚柔軟効果も。
カキョクエキス	バラ科の、ピラカンサ果実より抽出される。フラボノイドを含み、メラニンの生成を抑える。
カンゾウ根エキス（油溶性甘草エキス）	甘草の根や茎から抽出される。グリチルリチン酸のほか、テルペノイドやフラボノイドを含む。チロシナーゼ活性阻害効果がある。
シャクヤク根エキス	シャクヤクの根から抽出したエキス。チロシナーゼの活性を阻害し、メラニン生成を抑制する効果に加え、消炎、収れんにも効果が期待できる。
ソウハクヒエキス	マグワなどの根皮から抽出される。チロシナーゼの活性を阻害し、メラニン生成を抑制する効果に加え、バリア機能の改善、消炎、収れんにも効果が期待できる。
プルーン分解物	プルーン（セイヨウスモモ）の果肉を分解して得られる。表皮がメラニンを取り込むのを抑制する働きがある。
雪見草エキス（ミゾコウジュエキス）	雪見草から抽出されるエキス。メラニン色素合成を抑制する効果があり、さまざまな製品に配合可能。

COLUMN

紫外線カット&美白のWケアが大切

シミをつくらせないためには、紫外線カットと美白の、大きく２つのケアがあります。

まずは、紫外線カット。

春先くらいからドラッグストアでもたくさんの日焼け止めが並びはじめますが、紫外線は一年中降り注いでいます。化粧下地や日中用乳液など、普段使いのスキンケア化粧品に紫外線カット剤が含まれているものもありますので、季節を問わず取り入れるのがおすすめです。

もう１つが美白ケアです。

キャラ図鑑でも紹介してきたように、美白成分はそれぞれ働きが異なるので、特徴をよく理解して自分の肌悩みに合ったものを選ぶことが大切です。また、美白効果が出やすいのは、実は秋冬です。この時期は、紫外線の量が弱くなるため、メラニン合成を促す指令も弱くなりやすいのです。

化粧品だけでなく、サプリメントなども活用し、お肌の状態や飲みやすさなど、自分に合ったものを選んで、しっかりとＷケアをしていきましょう。

エイジングケア成分

エイジングケアって？

加齢（エイジング）にともなって、肌にはいろいろな影響が出てきます。ここでは、加齢にともなうさまざまな肌トラブルのケアや予防を目的とするエイジングケアを以下の4分野に分けて紹介しています。

P86～

抗シワ

シワはコラーゲンやエラスチンの変性や減少が主な原因です。あまり進行すると改善は難しくなるため、早い段階で予防をしておくと効果的です。

レチノール

ニールワン

ナイアシンアミド

アルジルリン

P96～

再生

文字どおり、細胞を「再生」させるケア方法。美容の分野ではすでに実用化され、細胞を再生、あるいは成長させることによって、肌のハリ・弾力などを改善する成分などが普及しつつあります。

幹細胞培養液

グロースファクター

に期待できること

P104～

抗酸化

肌が酸化する原因は、喫煙や紫外線、ストレスによって、肌の表面や内部に活性酸素が増加すること。酸化ダメージは、シミやシワといったトラブルを引き起こします。そこで、発生した活性酸素を抑える成分が重要になります。

ビタミンE誘導体

CoQ10

αリポ酸

フラーレン

アスタキサンチン

β-カロチン

白金ナノコロイド

P116～

抗糖化

食事などで過剰に摂取した糖が、長い時間をかけて肌のたんぱく質と結合することを糖化といい、最終的にAGEs（最終糖化産物）がつくられ、肌の黄ばみやくすみ、たるみを引き起こします。抗糖化はAGEsの生成を抑制する成分です。

月桃葉

セイヨウオオバコ

マロニエ

ドクダミ

ウメ

レンゲソウ

抗シワ成分の働き

肌を柔らかく保つ

シワには小ジワ（表皮性シワ）、表情ジワ、深いシワ（真皮性シワ）の3段階があり、それぞれに合った美容成分があります。加齢も原因となるため、完全にくい止めることは難しいのですが、できるだけ進行を遅らせるよう、段階に合ったケアを取り入れるようにしましょう。

小ジワ（表皮性シワ）

ちりめんジワ。細かく、比較的浅い。特に目元や口元にできやすい。うるおいが不足し、肌表面のしなやかさが損なわれるとできる。

表情ジワ

上を向いたり目をこらしたりしたときに額や眉間に、笑ったときに目元にできやすい。同じ表情を繰り返すことで表情筋が縮まってできるシワ。

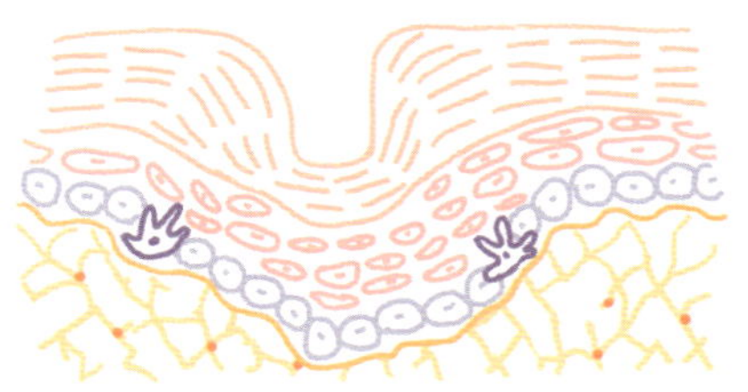

深いシワ（真皮性シワ）

目尻や口元、眉間、額などにできやすい。加齢や紫外線などの影響でコラーゲン線維やエラスチン線維がダメージを受けてできる深いシワ。

シワのお手入れ方法

小ジワの大敵は、なんといっても乾燥。保湿成分でケア、予防をしていきましょう。

段階が進むと真皮のコラーゲンやエラスチンが変性したり減少したりすることで深いシワとなってしまいます。保湿だけでなく、抗シワ成分でのエイジングケアが必要になってきます。

一方、表情ジワは表情筋が縮まってできたものなので、化粧品でのお手入れでは限界があると考えられています。

表情ジワが気になったら、マッサージや表情筋のトレーニングなどを取り入れたり、美容皮膚科に相談したりするのもいいでしょう。

シワに訴求する主な成分

シワの段階	成分例
小ジワ（表皮性シワ）	コラーゲン ➡P38 、ヒアルロン酸 ➡P34 、セラミド ➡P42 、アミノ酸 ➡P46 、スクワラン ➡P52 、ワセリン ➡P171 など
表情ジワ	アルジルリン ➡P94 、ジ酢酸ジペプチドジアミノブチロイルベンジルアミド ➡P95 など
深いシワ（真皮性シワ）	レチノール ➡P86 、ニールワン ➡P90 、ナイアシンアミド ➡P92 、ビタミンC誘導体 ➡P58 、幹細胞培養液 ➡P96 、グロースファクター ➡P100 など

再生グループの働き

老化の原因となるターンオーバーの乱れを正常に整えたり、線維芽細胞に働きかけて真皮の構成成分をつくる能力を高めたりすることで、古くなったり変性してしまった真皮構成成分の入れ替わりを促すことが期待できます。

ターンオーバーを整える

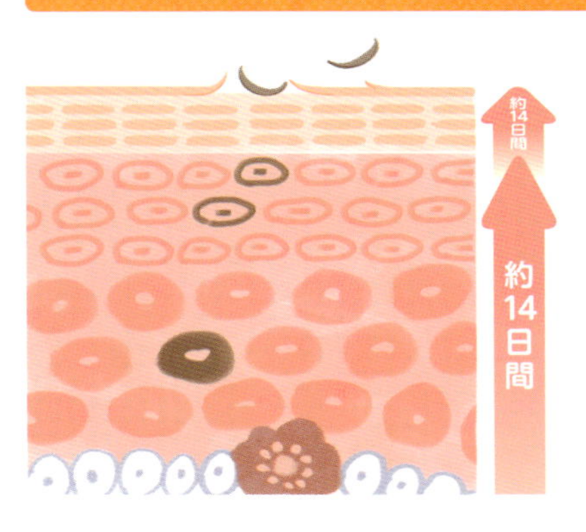

表皮の細胞は基底層で生まれ、最終的に角層でアカとなってはがれ落ちるまで約28日かかります。これを「表皮のターンオーバー」と呼びます。ターンオーバーは加齢で遅くなり、乾燥ジワの原因となるため、ターンオーバーを促進する再生効果のある成分が重要となります。

老化が進むと…

（健康な肌）

（老化が進んだ肌）

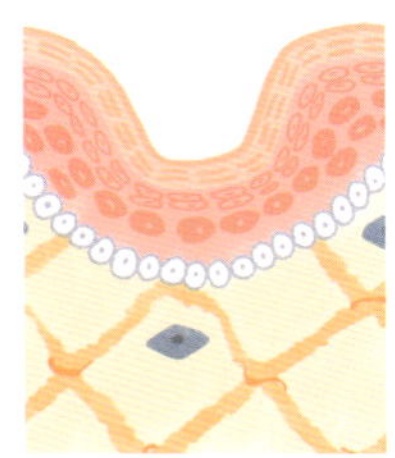

真皮にあるヒアルロン酸、コラーゲン、エラスチンは、線維芽細胞という細胞によってつくられます。ヒアルロン酸は代謝が早く、約2日間で新しいものと入れ替わるといわれています。一方、コラーゲンやエラスチンの代謝はとても遅く、紫外線などでダメージを受けるとなかなか新しいものと入れ替わることができず、蓄積されてシワなどの原因となります。さらに加齢による代謝低下により、これら真皮の構成成分をつくり出す力も衰えてしまいます。再生グループの成分は、この老化を抑える効果が期待できます。

抗酸化グループの働き

肌表面には、皮脂由来、化粧品由来などのさまざまな油分が存在しています。紫外線やPM2.5などの汚染物質、過度なストレスなどの影響で発生した活性酸素が油分を酸化し、肌トラブルの原因となります。抗酸化成分は、この活性酸素の発生を抑え、さまざまな肌トラブルを防ぐことが期待できます。

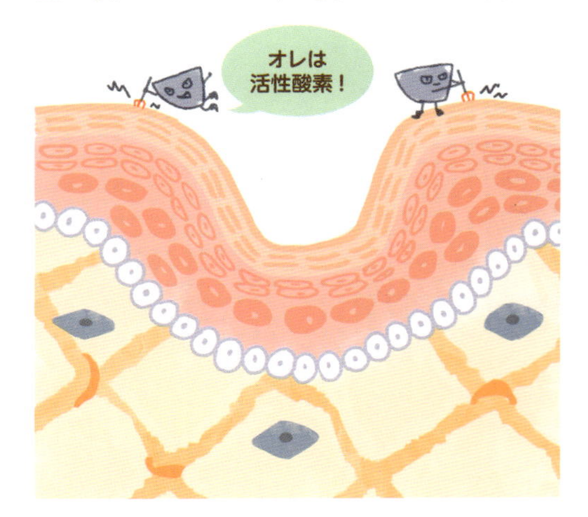

活性酸素により油分が酸化されて過酸化脂質などに変化すると、毛穴の開きやニキビの原因になったり、肌に炎症を生じてコラーゲンを分解し、シワの原因となったりといった、トラブルの原因となります。また、過酸化脂質は肌内部へ悪い影響（細胞を壊すなど）を与え、肌荒れや乾燥の原因となります。

抗糖化グループの働き

糖化とは、肌の中でたんぱく質と糖が結びつき、褐色の「AGEs（最終糖化産物）」がつくりだされることです。糖化すると、黄ぐすみやシワの原因になります。抗糖化成分には、糖化を防ぐことが期待されています。

エイジングケア

スポーツ選手たちが細胞を元気にする

スポーツ選手たちの仕事は、試合に勝つことでファン＝細胞を喜ばせること。細胞は喜んだり、応援したりしてどんどん元気に、キレイになっていきます。

キャー!!!
私がいる限り
全部ネット際で
くい止めてみせる!
バシッ
チームを鼓舞するキャプテン
ナイアシンアミド
フィールドも
ロードも、
向かうところ
敵なし!
競歩
ずんずんずん
内外に強いスタミナ女王
αリポ酸
トストスッ

ナイターに強いチームのエース！

レチノール（ビタミンA） 医外

レチノール：レチノール、ビタミンA油
レチノール誘導体：パルミチン酸レチノール、酢酸レチノール

配合されるアイテム

Skin Care

その他の効果

コラーゲンやヒアルロン酸といったアイドル級の成分の生成を促進する大スター。パワフルな働きをするが、意外と繊細で、太陽を浴びると壊れやすいといった一面も。ナイター向き。

ウオオオオ
完全試合の達成がかかっているレチノールに
打順がまわってくるなんて…
ふ～～…
9番ピッチャー、レチノール選手
パー
パラパー
パラパパー
ナイターだ、好きにやってこい！
オレは打ちますよ、監督
さぁ1球目…打ちました、レチノール選手です！
この場面でまさかのホームラン！
カキーーン
観客の細胞たちも
喜びでピカピカしています!!
ウオオオォォオオオ
ウワァアアア
いやぁ、素晴らしい活躍です、レチノール選手
ありがとうございます！
パッ
実は、奥さんの線維芽さんが
赤ちゃんを出産しまして
おお、コレは…！末はアイドルか…!?
ヒアルロンベビー
ウワァアアア!!!
くぅ～カッコよすぎるレチノール選手……
憧れ～…
グーーン
応援してた細胞
レチノール！
レチノール!!
レチノール!!!
レチノール！
レチノール!!
球場全体が揺れるかのごとく
レチノールコールが止まりません！
ありがとうレチノール！
いい試合だったぞ～！

シワや肌荒れなどのケアに多用される

ビタミンAの一種。熱、光、酸素にとても弱い成分なので、ほかの構造をつけて安定させたもの（誘導体）が多く使われています。表皮細胞を活性化することでターンオーバーを促し、肌荒れを改善する効果があり、傷の治療やニキビの治療目的で使われることもあります。また、表皮にあるヒアルロン酸の生成を促進し、さらに真皮にあるコラーゲンやエラスチンの生成を促進することでシワを改善します。この効果が認められ「シワ改善」の医薬部外品有効成分になっています。また、油性成分なので、美容液やクリームなどに配合されます。

レチノールの働き

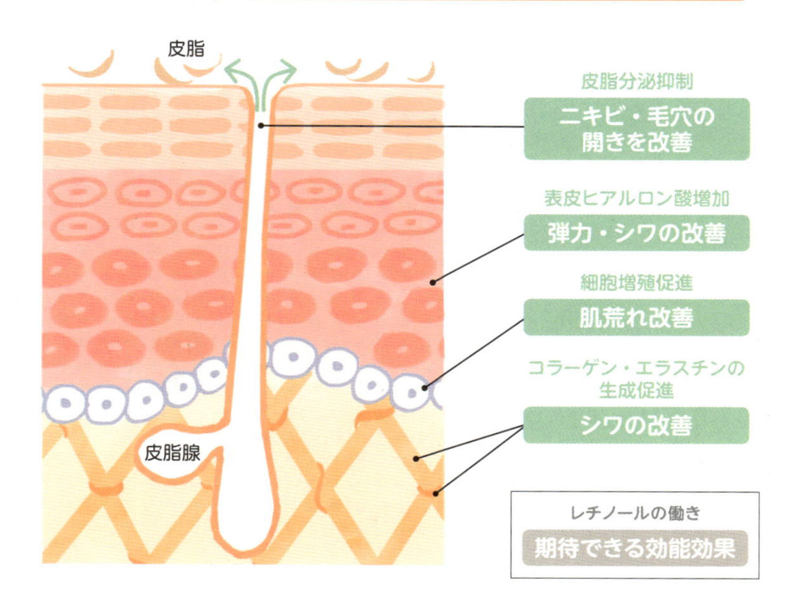

体内で不足すると さまざまな影響が出る

ビタミンAは、脂溶性ビタミンで、「粘膜と目のビタミン」と呼ばれ、粘膜や皮膚を丈夫にし、視力を調整します。不足すると、結膜炎や風邪にかかりやすくなったり、皮膚がカサついたりします。また、暗いところで物が見えにくくなる夜盲症にもなります。

食品では、うなぎ、レバー、卵に多く含まれています。緑黄色野菜にもβ-カロチンの状態で含まれており、これが体内でビタミンAに変わります（プロビタミンA)。ビタミンAは油溶性なので体内に蓄積されやすく、ビタミンAを多く含むサプリメントやレバーなどを大量に食べると過剰摂取により頭痛や吐き気などの副作用が起こることがあります。そのため、厚生労働省では、1日の摂取量の上限を、年齢ごとに定めています。

レチノールの種類と特徴

種類	表示名称	皮膚への刺激	安定性	化粧品	医薬部外品	特徴
レチノール誘導体	パルミチン酸レチノール	★	★★★★★	○	○	レチノールを安定化した成分。皮膚内でレチノールに変わる
	酢酸レチノール	★★	★★★★★	○	×	
レチノール	レチノール	★★★	★	○	○	通常ビタミンAといわれる
	ビタミンA油	★	★★★★	○	×	ビタミンAが溶けた油
トレチノイン（レチノイン酸）	トレチノイン	★★★★★	★	※院内製剤のみ		ビタミンAの生理活性の本体。ビタミンAの約50～100倍の生理活性

※病院内で調剤され、その病院限定で使用される薬

抗シワ

破壊王者好中球から真皮を守る

配合されるアイテム

ニールワン

医外

その他の効果

三フッ化イソプロピルオキソプロピルアミノカルボニルピロリジンカルボニルメチルプロピルアミノカルボニルベンゾイルアミノ酢酸Na

お肌の大敵・破壊王者好中球をブロックして寄せつけない。真皮の守りはおまかせ！

シワの原因から肌を守る

紫外線や乾燥、表情による皮膚の折れ曲がりなどにより、肌が微弱な炎症を起こすと、「好中球エラスターゼ」という酵素が出されます。これが真皮中のコラーゲンやエラスチンを分解して肌の土台を崩してしまいます。

ニールワンは好中球エラスターゼをブロックすることで分解を止め、シワを改善します。化粧品メーカーのポーラが発見した成分で特許を持っているため、他メーカーでは使用されていません。

日本初、シワ改善効果が認められた成分

長年、化粧品のシワへの効果を表現する手段はありませんでした。2006年に皮膚科医と化粧品業界が共同で研究を進め、シワの評価基準（「まったくない0」～「著しく深い7」の8段階）を定めました。これをもとに、2011年に、1～3の初期段階の乾燥小ジワに効果がある化粧品へ、「乾燥による小ジワを目立たなくする」という表現が許可され、2016年にはニールワン配合の医薬部外品で、3～5のより深いシワ改善効果が認められました。

抗シワ

チームを鼓舞するキャプテン

配合されるアイテム

ナイアシンアミド 医外

ナイアシンアミド、ニコチン酸アミド

その他の効果

乾燥、紫外線、老化…etc. 肌を荒らす原因をチームメイトに指示して止めさせる名キャプテン。

シワはもちろん美白にも有効

別名「ニコチン酸アミド」といい、「ニコチン酸（ナイアシン）」と合わせて「ビタミンB3」とも呼ばれます。ターンオーバーを促し、セラミド（細胞間脂質）の生成を促進することでバリア機能を高めます。また、線維芽細胞に働きかけコラーゲンをつくることで、シワを改善します。このほか、メラニンをまわりの細胞に引き渡すのを抑える美白効果や血行促進によりターンオーバーを整える効果も知られています。消炎作用もあり、ニキビの予防効果もあります。

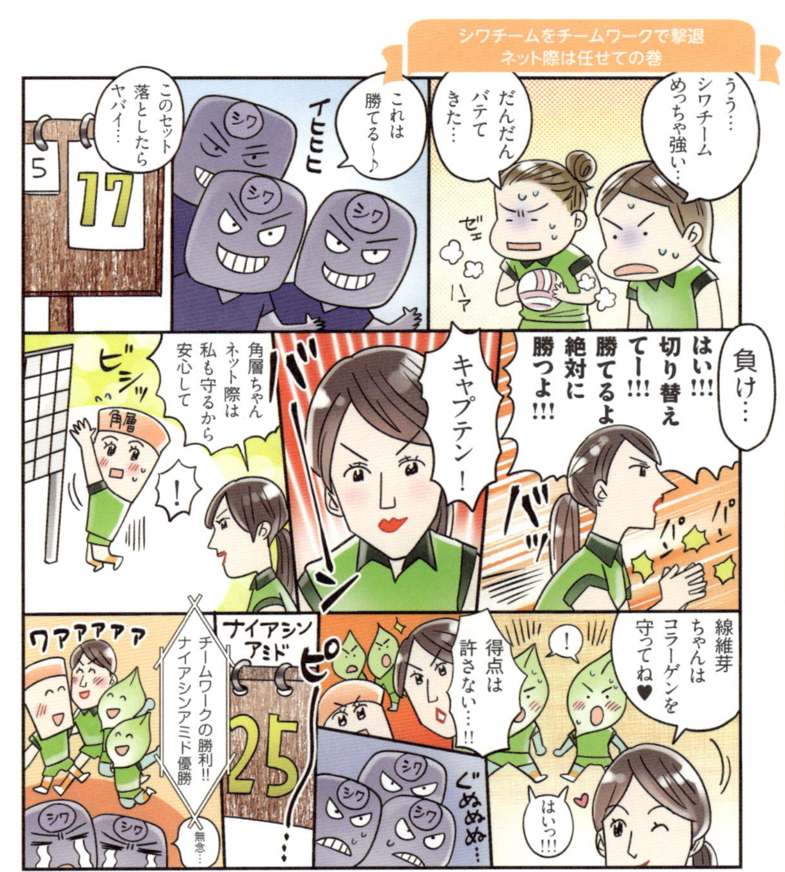

唯一の水に配合可能な「シワ改善」有効成分

ナイアシンアミドは「美白」と「シワ改善」の両方で、医薬部外品の有効成分として認められています。ほかに「シワ改善」の有効成分であるニールワンは水に弱く油性成分のみのクリームに配合できます。レチノールは「油溶性」のため、乳液やクリームなどしか配合することができません。一方、ナイアシンアミドは「水溶性」で水の中でも安定を保つため、唯一、化粧水やジェル、美容液にも配合が可能。脂性肌で油性成分をさけたい人でも使うことができます。

抗シワ

神経遮断スイッチ100%命中！

アルジルリン

検2

アセチルヘキサペプチド-8

配合されるアイテム

その他の効果

スペイン生まれの天才射手。狙った的（神経遮断スイッチ）は絶対に外さない！

スペインで開発された塗るボトックス

　ボトックス注射は、筋肉の動きにかかわる神経伝達物質を抑制するボツリヌス菌の毒成分を注入することで、表情ジワを改善する治療法。アルジルリンは、ボトックス注射を禁止していたスペインで開発されました。異なるメカニズムでボトックス注射ほどの即効性はないものの、使い続けることで神経細胞の活動を和らげ、表情筋肉をリラックスさせ、シワをできにくくする効果があることから「塗るボトックス」と呼ばれています。

新たなライバル、蛇毒発想のペプチド

「塗るボトックス」と呼ばれる成分がもう1つあります。スイスで開発されたペプチド「ジ酢酸ジペプチドジアミノブチロイルベンジルアミド」です。ヨロイハブに含まれる毒が筋肉を麻痺させて弛緩させる働きに注目し、蛇毒の働きに似た毒性のないペプチドを人工的につくり出したものです。表情筋の緊張を緩めて伸ばすことで表情ジワをできにくくします。シワ改善への効果はアルジルリンの約6倍ともいわれています。

選手育成のプロ！

幹細胞培養液

ヒト由来：ヒト脂肪細胞順化培養液エキス、ヒト脂肪細胞順化培養液
植物由来：リンゴ果実培養細胞エキス、アルガニアスピノサカルス培養エキス　など

配合されるアイテム

その他の効果

本人も超有名選手だったが、自分の子どもたちを同じスポーツ（自己複製）だけでなく違うスポーツ（分化）の分野でも超一流の選手に育て上げる。育成の、プロ中のプロ。

クローンのように似た
最強集団！　幹細胞培養液の巻

皮膚にもともとある「幹細胞」とは？

幹細胞とは、分裂して自分のコピーを生み出す能力（自己複製）と、自分とは異なる機能を持った細胞を生み出す能力（分化）を持った細胞のこと。真皮と表皮で新しい細胞を生み出し、肌の生まれ変わりを促進する役割を担っています。

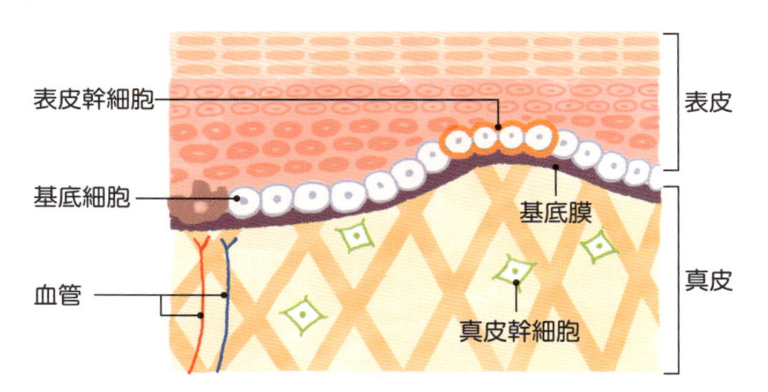

幹細胞の種類と働き

肌には「表皮幹細胞」と「真皮幹細胞」という2つの幹細胞が存在しており、それぞれ役割が異なります。

種類	ある場所	働き
表皮幹細胞	表皮	「表皮角化細胞」を生み出し、ターンオーバーに重要な役割を果たす。表皮を健やかな状態に保つ働きがある。
真皮幹細胞	真皮	コラーゲンやエラスチン、ヒアルロン酸をつくり出す「線維芽細胞」を生み出し、肌にハリ・弾力をもたらす働きがある。

「幹細胞化粧品」って幹細胞が入っているの?!

「幹細胞化粧品」と呼ばれるものは、実際には幹細胞がそのまま配合されているのではありません。幹細胞を増殖させたあと、培養物から取り出した培養液やそのエキス、そのほか幹細胞に直接働きかける成分が配合されています。

幹細胞コスメの種類と特徴

種類		特徴	表示名称
幹細胞培養液	ヒト由来	ヒト幹細胞（脂肪由来、骨髄由来）を培養した液やそのエキス。成長因子グロースファクター➡P100が豊富に含まれています。効果は高いのですが、体質により、肌に合わないこともあるので注意が必要です。	（脂肪由来）ヒト脂肪細胞順化培養液エキス、ヒト細胞順化培養液 （骨髄由来）ヒト骨髄幹細胞順化培養液
幹細胞培養液	植物由来	傷ついた細胞を再生させる力を持つ特定の植物の幹細胞を培養した液。腐らない奇跡のリンゴ、アルガンツリーの新芽由来のものなどがあり、ダメージをケアする効果や肌にツヤを与える効果があります。	（リンゴ）リンゴ果実培養細胞エキス （アルガン）アルガニアスピノサカルス培養エキス
幹細胞に働きかける成分		表皮幹細胞に働きかける成分。ビオセルアクトカモミラBは幹細胞の寿命を延長し、シワ改善効果が期待できます。胡蝶蘭エキスは細胞の修復再生を促します。	（植物）カモミラエキス(1)、胡蝶蘭エキス

細胞をどんどん増やす美肌応援団

グローススファクター 検2

EGF：ヒトオリゴペプチド-1、ヒト遺伝子組換オリゴペプチド-1
FGF：ヒトオリゴペプチド-13、ヒト遺伝子組換ポリペプチド-11
KGF：ヒトオリゴペプチド-5、ヒト遺伝子組換ポリペプチド-3

配合されるアイテム

その他の効果

観客（細胞）を盛り上げ、ガイドする応援団。細胞をどんどん巻き込み、増やしていく。細胞たちは再生してピカピカに！

応援で一体感!!
楽しくてツヤツヤ☆の巻

エイジングケア 再生

グロースファクター

加齢とともに失われるGF（グロースファクター）を外から補う

グロースファクターとはGFとも表記されるペプチドで、特定の細胞の増殖などを正常化する働きがある物質です。もともと人間の体内に存在し、加齢とともにその量は減少していきます。

美容成分として肌の生まれ変わりを正常化する効果が期待できます。その中で、肌に働きかける主な3種類を紹介します。

3種のグロースファクター

EGF（上皮細胞増殖因子）

表皮に作用する。ターンオーバーを正常に戻す。

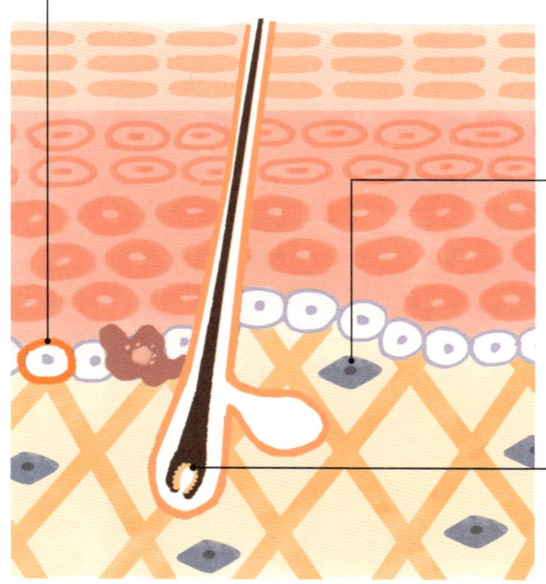

FGF（線維芽細胞増殖因子）

真皮の線維芽細胞を増やし、コラーゲン、エラスチン、ヒアルロン酸の産生を促進する。

KGF（毛母細胞増殖因子）

基底細胞や毛母細胞に作用。強い毛をつくるのを助け、ハリやコシのある髪に導く。

特に注目のEGFとは？

GFの中でもEGFは注目株。もともとは医療機関で火傷の治療目的で、皮膚再生、皮膚移植の現場で幅広く使用されていました。ツバメの巣や山羊のミルクにも、ごく微量含まれています。

しかし、医薬品の有効成分であるため、サプリメントなどの食品へ配合することは認められていません。

EGFの発見者、スタンリー・コーエンが1986年にその功績を認められてノーベル賞を受賞したのは有名です。当初は抽出してつくられていたため、高価でしたが、バイオ技術でつくられるようになって化粧品にも配合できるようになりました。ただし、配合に際しては安全性に十分配慮するように通達されています。

EGF塗布後の細胞増加率

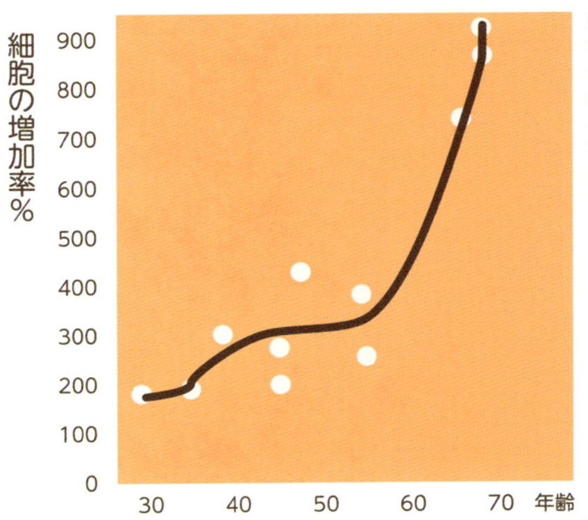

0.1μg/mL程度の微量な濃度のEGFクリームを60日間塗ることで、細胞が増加することがわかっています。特に年齢が高いほどその効果が高いこともわかっています。

引用資料：US Patent＃5618544

抗酸化 ハ

持ち場に侵入する活性酸素を撃退

ビタミンE誘導体

医外 検1 検2

ビタミンE：［化］トコフェロール、［医外］dl-α-トコフェロール（合成）、［医外］天然ビタミンE（植物）
ビタミンE誘導体：［化］酢酸トコフェロール、［医外］酢酸dl-α-トコフェロール（合成）、［医外］酢酸d-α-トコフェロール（植物）

配合されるアイテム

その他の効果

シワ

コート内（細胞膜）で活性酸素と勝負を挑む日々。活躍するほど血行もよくなる。

青くま、くすみ対策にも活躍

ビタミンEは抗酸化作用を持ち、活性酸素を消去して、主に化粧品中の油分や成分の酸化を防止しますが、肌の表面での皮脂の酸化防止効果も期待されます。ビタミンE誘導体はビタミンEを安定化したもので、肌の中に入ると誘導体部分が取れてビタミンEとなります。医薬部外品の有効成分で血行促進効果による肌荒れ防止のほか、青くまやくすみ改善効果も期待できます。油溶性のビタミンEは細胞膜で抗酸化作用を発揮します。

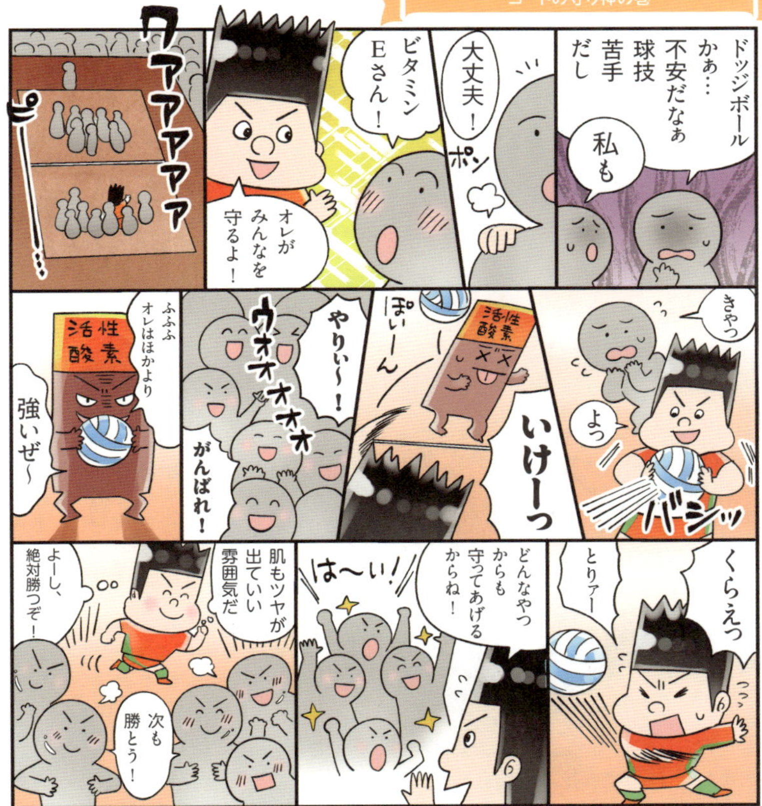

ナッツ類、緑色野菜に豊富に含まれる

天然のビタミンEには4種類あり、厚生労働省はこのうちの1つのα-トコフェロールをビタミンEと定めていて、これが最も抗酸化作用が強く、体内でも最も多く存在しています。そのため、「日本人の食事摂取基準」では、ビタミンEといえば、α-トコフェロールを指しています。

α-トコフェロールを多く含む食品は植物油、ナッツ類、種子類、ほうれん草やブロッコリーなど。食事からもビタミンEを積極的に摂取するようにしましょう。

細胞を油の酸化から救う！

配合されるアイテム

CoQ10

検1

その他の効果

ユビキノン、ヒドロキシデシルユビキノン、ユビキノン2Na

自らエネルギーをつくり出し、走り続ける姿は全細胞に勇気と希望を与え、元気にする。また、敵（活性酸素）から仲間を守る。

ビタミンEに匹敵する高い抗酸化力

コエンザイムQ10とも呼ばれる、油に溶ける抗酸化成分で、細胞内でエネルギーをつくることを助ける大切な成分でもあります。ビタミンEに匹敵するほどの高い抗酸化能力がありますが、年齢とともに減少してしまいます。そのため、美容成分として肌に塗ると、肌表面で油分の酸化を防ぎ、肌トラブルを防いでくれます。

CoQ10はサプリメントで摂取することで細胞のエネルギーを高めることができるため肌細胞の活性化効果が期待されています。

有り余るエネルギーで
後輩たちもパワーUP！の巻

機能性表示食品にも配合されている

心臓、肝臓、腎臓や膵臓に多く存在し、エネルギーを生み出す際に重要な役割を果たします。医薬品として使われていましたが、安全性が高いことから化粧品、食品にも配合できるようになりました。

抗酸化作用がある還元型CoQ10を配合した機能性表示食品は「中高齢者の日常生活で生じる一過性の肉体的疲労感および精神的疲労感を軽減する」という表示ができる機能性表示食品として販売されています。

抗酸化

内外に強いスタミナ女王

配合されるアイテム

その他の効果

αリポ酸

チオクト酸

競技場内（角層内）でも外（肌表面）でも活性酸素に勝つスタミナ女王。

角層内でも抗酸化力を発揮！

αリポ酸は身体の中で行われるさまざまな反応を助ける補酵素の1つです。細胞内でエネルギーをつくる際に必要な成分で、体内でも微量つくられています。水と油の両方に溶けやすい性質を持つため、肌に浸透しやすく、肌表面だけでなく角層内の活性酸素を防ぐ効果もあります。

近年の研究から、肌のくすみや黄ばみなどを引き起こす肌の"糖化"にも、αリポ酸が有効であるとの可能性が報告されています。

便利なサプリメントは用法を守って

αリポ酸はCoQ10同様、細胞内のミトコンドリアの中に存在し、細胞の呼吸やエネルギー生産に必要な成分です。もとは医薬品として用いられていましたが、食品や化粧品へも配合が可能になりました。

牛・豚の肝臓や心臓、ほうれん草やトマトなどにも含まれますが、少量であるため、サプリメントで摂取することが望ましいとされています。一方、過剰摂取による副作用が見つかり、妊婦への安全性も確認されていません。

ノーベル賞に輝いた守りのエース

フラーレン

フラーレン

配合されるアイテム

その他の効果

長時間持続し、さまざまな種類に効く

フラーレンは炭素60個がサッカーボール状になった成分。発見者はノーベル化学賞を受賞しています。肌表面で発生する活性酸素を除去する働きを持ちます。ほかの抗酸化成分とは異なる①取り込む、②分解するという2つのメカニズムで作用するため、幅広い種類の活性酸素を除去することができ、しかも抗酸化力が長く続きます。その抗酸化力はビタミンCの100倍以上ともいわれている、比較的新しい抗酸化成分です。

高濃度の証・フラーレンマーク

効果を発揮する1%以上配合すると表示できるマークです。

水に溶けやすくさまざまな化粧品に配合できる定番タイプ

パウダータイプでメイクアップ化粧品に多い

ナノカプセル状でしっかり浸透する

油に溶けやすくさまざまな化粧品に配合できる定番タイプ

紫外線カット効果もあるサンケア用

髪に浸透するヘアケア用

抗酸化

赤いパワーを持つ守りの鉄壁！

アスタキサンチン

配合されるアイテム

その他の効果

アスタキサンチン
アスタキサンチン含有成分：ヘマトコッカスプルビアリス油、ヘマトコッカスプルビアリスエキス

カニや鮭などに含まれる赤色の色素成分。神出鬼没な敵（一重項酸素）にも強い！

強力な抗酸化力に加え美肌効果も

鮭やエビに含まれている、β-カロチンの仲間・カロテノイドという赤い色素の一種。脂質を酸化するだけではなく、コラーゲンを分解することでシワの原因にもなる一重項酸素が悪さをしないように封じ込める働きが、他の抗酸化成分よりすぐれており、ビタミンEの550～1000倍、CoQ10の約800倍といわれています。そのほかに表皮の活性酸素をたくさん除去するので、炎症によるメラニン生成指令を抑え、美白効果も期待できます。

鮭やエビに含まれる天然の美容成分

アスタキサンチンの含有量が特に多いのが鮭です。

鮭は白身魚ですが、赤い藻やエビ、カニなどを食べることで、アスタキサンチンをためて赤くなります。卵も、浅瀬に生みつけられるため強い紫外線にさらされますが、アスタキサンチンによって守られています。

アスタキサンチンは生体内ではたんぱく質と結合して青灰色をしていますが、カニを茹でると赤くなるように、加熱すると分離して、本来の赤色になります。

皮膚内でビタミンAに変身！

β-カロチン

カロチン、β-カロチン

配合されるアイテム

その他の効果

やる気に満ち溢れた選手。皮膚球場に入れば、ビタミンAになる。

ビタミンAに変化して効果を発揮！

ニンジン、かぼちゃなどの緑黄色野菜に多く含まれるβ-カロチンは、油に溶ける黄、橙、赤の天然色素の一群であるカロテノイドの一種。皮膚に浸透すると、体内でビタミンAに変換されるためプロビタミンAと呼ばれます。抗酸化作用や紫外線防止効果、皮膚の代謝を促す効果などがあります。また、色の変化しやすい成分が配合された美容液、クリームなどに対して、あらかじめ淡黄色に色づけする目的で配合することもあります。

抗酸化

ミニプラチナパワーで網羅

配合されるアイテム

白金ナノコロイド

コロイド性白金、白金

その他の効果

すべての活性酸素と戦えるオールラウンドプレーヤー。白金のラケットはどんな球も打ち返す。

守備範囲が広く、持続力も高い

高級な貴金属・白金（プラチナ）を極小約2nm（1nmは10億分の1m）で水中に分散（コロイド状）した成分。多くの抗酸化物質は特定の活性酸素しか除去できませんが、白金ナノコロイドは11種類すべての活性酸素に効果を発揮します。また、白金は酸化されないため、抗酸化作用が半永久的に持続します。なお、白金そのものが肌に浸透するわけではありませんが、粒子がナノサイズと特別小さく吸収性が高いため、さらなる安全性の評価が必要とされています。

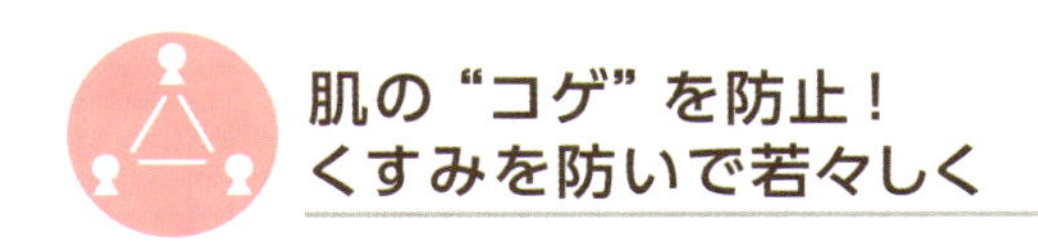

肌の“コゲ”を防止！
くすみを防いで若々しく

抗糖化グループ

肌が老化する原因となる糖化

糖化とはたんぱく質に糖が結合する現象のこと。私たちの体内に存在する糖の中の、ブドウ糖（グルコース）や果糖（フルクトース）は、ほかの物質と化学反応を起こしやすい性質があります。主に食事から摂られたこれらの糖は、たんぱく質と結合し（糖化）、いくつかの複雑な反応を経てAGEs（最終糖化産物）という物質になります。実はホットケーキをつくるとき、焼けて硬く褐色になるのは、「砂糖」が卵や牛乳などの「たんぱく質」と結びついて変性した糖化の一例。この反応は身体の中でゆっくりと進み、分解されにくいため、蓄積されます。肌では特に真皮のたんぱく質であるコラーゲンやエラスチンが糖化されると、肌が硬くなり、ハリとコシをつくり出す機能が失われ、シワやたるみの原因となります。また、糖化によってできた褐色のAGEsが沈着すると、肌のくすみの原因になるといわれています。

糖化した肌

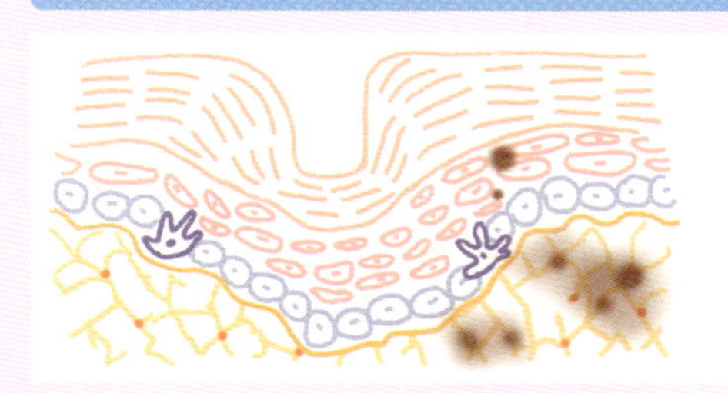

糖化のストレスにさらされ続けると、エラスチンやコラーゲンなど、もともと持っているたんぱく質に糖が結合しやすくなります。さらに抗酸化機能も低下して、糖化と老化の悪循環を生み出してしまいます。

糖化を抑え、エイジングケアも

たんぱく質の糖化を抑制することでコラーゲンの分解を抑える効果に加えて、線維芽細胞を増やしたりコラーゲンの生成を促進させたりするエイジングケア効果もあります。

抗糖化キャラ①

月桃葉
(ゲットウ葉エキス)

原産は東南アジア。日本では九州南端や沖縄県、小笠原諸島など、暖かい場所が大好きな南国美人。「私の葉はいい香り♪　お餅を包んで蒸して食べるムーチーが沖縄のお菓子として有名よ」

全方位から糖化ケアできる

あらゆる角度から糖化を抑えることができる成分。表皮でも糖化や褐色化を抑え、真皮でもコラーゲンの糖化を抑えることで、肌の柔軟度の低下、シワ、くすみなどの改善効果があるというデータがあります。

抗糖化キャラ②

セイヨウオオバコ
(セイヨウオオバコ種子エキス)

原産がヨーロッパだから、茎が長くて種子もたくさん！「私の中のフラボノイド『プランタゴサイド』がAGEs工場の皆さんを眠らせるのよ」

AGE s生成を阻害し肌の弾力を改善

AGE s（最終糖化産物）の生成を阻害し、肌の糖化を防ぐことで、弾力を改善します。さらに抗炎症、収れん、血行促進、紫外線吸収などの作用も期待できます。

抗糖化キャラ③

マロニエ
（セイヨウトチノキ種子エキス、マロニエエキス）

別名セイヨウトチノキ。欧州各地に分布し、日本でも街路樹として有名。「子どもたちと羽子板で遊ぶのが大好き。AGEs工場をお休みさせる力があるだけじゃなく、血行促進もできるの。だからまつげ美容液にも入っているわ♥」

飲んでも塗っても効く抗糖化成分

ドクダミから抽出されるエキスで、AGEsの生成を抑え、肌のくすみを防ぐ抗糖化効果があります。さらに抗菌、抗炎症、抗酸化などの効果があり、ヒアルロン酸の分解を防ぎます。ドクダミ茶を飲むことでも抗糖化効果があります。

抗糖化キャラ④

ドクダミ
（ドクダミエキス）

漢方では解毒・利水の作用があり、腫れ物に効果があるなどその効能は多彩で「十薬（じゅうやく）」というニックネームがつくほど。「塗っても飲んでもAGEs工場を休業させて、糖化を防ぐわ♪」

肌にも髪にも効く抗糖化成分

角層や毛髪のたんぱく質の糖化反応を抑えるだけでなく、できてしまったAGE sの分解を促進することができる抗糖化のスペシャリスト。肌のくすみ防止効果だけでなく、毛髪のゴワつきをやわらげ、弾力性を改善する効果も期待できます。

抗糖化キャラ⑤

ウメ
(ウメ果実エキス)

髪のコシを強くし、傷みにくくする働きがある。ゴワつきを抑え感触を柔らかくするなど。「相手を懐柔して優しい気持ちにさせるの。私が持つ扇子はAGEs眠り薬＆破壊薬☆　振るだけで、肌を糖化から守るわ♥」

角層のAGEs除去にアプローチ

表皮の中でもいちばん表面にある角層のAGEsを除去する効果が期待できます。角層のAGEsを除去すると、キメが整って、理想的な肌へと生まれ変わります。

抗糖化キャラ⑥

レンゲソウ
(レンゲソウエキス)

野にある花の中でも特に美しく咲き誇るレンゲソウ。「肌表面のお掃除担当。AGE sを取り除いているのよ」

エイジングケアその他の成分

細胞の成長に関与するものが多く、美容成分として
さまざまな効能を期待されています。また、その特
性からヘアケア製品などにも配合されています。

成分名	成分の説明
ダイズ種子エキス	エストラジオール ➡P146 と似た働きのあるイソフラボンを含み、コラーゲン生成促進、細胞を活性化して代謝促進などの効果が期待できる。
セイヨウハッカ葉エキス	セイヨウハッカの葉や茎から抽出したエキス。加齢により肌が薄くなる菲薄化を防ぐことにより、肌の弾力を改善する効果が期待できる。
アデノシン三リン酸2Na	ATPと呼ばれ、細胞内でエネルギーの保存と供給をしている。加齢による細胞内呼吸の減少を抑制し、細胞を活性化させる効果がある。
アミノ酪酸	植物の根や動物の脳髄などにあることが多い成分。GABAとして知られている。血液循環を促進したり、細胞を活性化させたりする効果がある。
イチョウ葉エキス	イチョウの葉から抽出したエキス。血行促進による肌活性化効果や、抗酸化、抗炎症、細胞増殖による育毛効果もあり、「万能ハーブ」として注目。
カルニチン 検1	脂肪の代謝に必要な物質でダイエット用サプリメントとして有名。化粧品では、抗炎症やバリア機能改善による肌荒れ防止効果がある。
クオタニウム-45	免疫系を高める作用のある物質。コラーゲン産生促進、皮膚機能亢進、抗酸化作用、抗菌作用など、さまざまに働く。
クロレラエキス	クロレラの抽出エキスで、アミノ酸を多く含んでいる。線維芽細胞の増殖や代謝活性を促進する効果が期待できる。
ゴレンシ葉エキス	スターフルーツの葉から抽出されたエキスで、コラーゲン産生促進、シワ・肌弾力性改善などの効果が期待される。
ナツメ果実エキス	ナツメの果実から抽出したエキス。ターンオーバーの改善に効果が期待される。
トウキ根エキス	古くから女性向けの生薬として知られる。トウキの根から抽出されるエキス。血行を促進する。肌荒れにも効果が期待される。
パンテノール	プロビタミンB_5として有名。細胞活性効果があり、毛母細胞も活性し、毛髪の成長効果があるため、育毛剤にも配合される。抗炎症効果もある。
ビオチン 検1	ビタミンHとも呼ばれる水溶性のビタミン。ケラチンの産生にも関与しているため、肌荒れ防止や育毛剤に配合される。
ボタンエキス	牡丹皮として漢方薬で使用する。ボタンの根の皮から抽出される。血行促進、皮膚温度を上昇させる働きがある。
レイシ柄エキス	漢方では霊芝と呼ばれるサルノコシカケ科のキノコ、マンネンタケから抽出したエキス。皮膚の機能を活性化する働きを持つ。
ローヤルゼリーエキス	ミツバチの若い働きバチが分泌する粘性物質・ローヤルゼリーのエキス。線維芽細胞を増殖させる働きを持つ。
フユムシナツクサタケエキス	長寿、強壮の漢方薬として使われる冬虫夏草のエキス。肌機能活性化効果、保湿効果がある。

COLUMN

エイジングの原因には
どんなものがあるの？

エイジングケアとは加齢による皮膚の老化に対応したケアです。具体的には加齢によるシミ、シワ、たるみやくすみを防いだり、もしくは進行をできるだけ遅くしたりするためのケアをいいます。肌を劣化させる要素は以下のとおりです。

<外的要因>

1. 乾燥：小ジワから深い真皮性のシワへと変化

2. 酸化：酸化攻撃力の強い活性酸素は真皮成分を攻撃し、肌のハリ、弾力が低下

3. 紫外線：老化の原因の80%を占めるといわれる

<内的要因>

1. 加齢：細胞や皮膚組織の機能低下により真皮の構造が崩れ、シワやたるみを引き起こす

2. 代謝不調：血行不良により肌に栄養が行き届かず、ハリ・弾力の低下、黄ぐすみの原因になる

3. ストレス：ストレスは内分泌系、神経系、免疫系に影響を与え、さらに活性酸素を発生させる

4. ホルモン：加齢とともに肌のハリ・弾力を保つ卵胞ホルモンや組織を修復する成長ホルモンの分泌が低下する

抗ニキビ成分に

ニキビのできるメカニズムは？

ニキビはいったいどんなしくみでできるのでしょうか。また、予防するための成分にはどういうものがあるのでしょうか。

ニキビの種類と進行

ニキビのきっかけは、毛穴に皮脂や角質が詰まり、アクネ菌が増えてしまうことです。

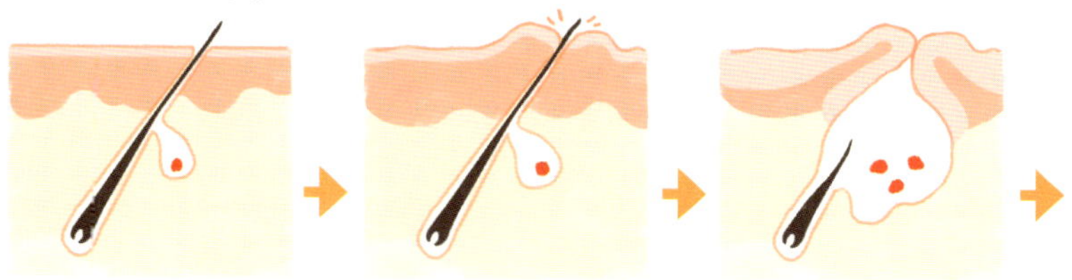

正常な肌

正常な状態。毛穴の出口がきちんと開いている。

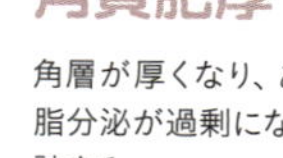

角質肥厚

角層が厚くなり、あるいは皮脂分泌が過剰になり、毛穴が詰まる。

白ニキビ
（酸化すると黒ニキビに）

毛穴の出口が塞がると皮脂がたまり、アクネ菌が増える。

赤ニキビ

毛穴内に炎症が起こり、毛穴まわりが赤く腫れあがってしまう。悪化して黄ニキビ（膿疱）となることがある。

クレーター

炎症が進むと毛穴の壁が壊れて広がり、肌表面が凹んで跡が残ってしまう。

期待できること

ニキビ予防成分の種類と働き

ニキビを予防する成分には、皮脂抑制剤、角質剥離・溶解剤、殺菌剤、抗炎症剤などがあります。

働き	成分	角質肥厚	白ニキビ	赤ニキビ	クレーター
皮脂抑制	エストラジオール ➡P146 、エチニルエストラジオール ➡P146	○	○		
角質剥離・溶解角栓防止	イオウ ➡P130 、サリチル酸 ➡P126 、スクラブ ➡P140 、ピーリング成分 ➡P142 、プロテアーゼ ➡P136 、リパーゼ ➡P138 、レゾルシン ➡P146	◎	○		
殺菌	サリチル酸 ➡P126 、イオウ ➡P130 、イソプロピルメチルフェノール ➡P134 、塩化ベンザルコニウム ➡P132 、レゾルシン ➡P146	○	◎	◎	
抗炎症	アラントイン ➡P154 、グリチルリチン酸2K ➡P152 、サリチル酸 ➡P126	○	○	◎	
ピーリング ➡P142	サリチル酸 ➡P126 、グリコール酸 ➡P143 、乳酸 ➡P144 、リンゴ酸 ➡P144 、酒石酸 ➡P145 、クエン酸 ➡P145	◎	○		○

ニキビ予防には…

1. 1日2回よく泡立てた泡でやさしく洗顔する
2. 油分の少ないものやノンコメドジェニック化粧品 ➡P147 でお手入れする
3. しっかり睡眠をとる
4. サプリメントでビタミンB_2、B_6、Aを摂る
5. 食物繊維や水分を摂り便秘を予防する

キャーー
ずる
ずる
校内をキレイにするのはトレーニングの代わりになるぜ
ゴミの片づけ上手で力持ち！
スクラブ
甘いマスクで脂を溶かす
リパーゼ
ボクなんか、大人しくて目立たないと思うんだけど…
プリンス～
カワイイ
キャーイケメーン♡
イケメン学園皮膚高校

抗ニキビ

細胞ちゃんを守るイケメンたち

イケメンの抗ニキビ成分たちが活躍する学園。細胞は、彼らにさまざまに恋をしながら、どんどんキレイになっていきます。また、イケメンたちは外からやってくる不良＝アクネ菌をやっつけ、細胞たちをニキビから守ります。

不良から守り留年生を卒業させる

サリチル酸

医外 検2

サリチル酸

配合されるアイテム

その他の効果

ツンデレ系男子。抗菌力にすぐれ、肌細胞（女の子）を傷つけるアクネ菌（外部の不良）には容赦なくパワーを発揮します。留年スレスレの細胞たちもちゃんと学校に来るようになりきちんと卒業していきます。

ドドン
へっへっへっ…
3年生のおねーさぁん
一緒に遊ぼうぜ
ヤダー！
これだから
学校来たく
なかった
んだ！
おい、
やめろよ、
何してる
るんだ
あっ！
サリチル
くん。
助けてー！
きゅーーーん
うるせーな、
お前に用は
ねーんだよ
ぐぬぬ…
そうそう、
オレたちは後ろの
おねーちゃんたちに
用があんのよ
てめえら…
いい加減にしろよ！
二度と皮膚高校には
来させないぜ
シュッ
ボカ
ウオオオオオオオ
さ、
サリチル
くん…
スカ
ボカ
ふぅ～
これであいつらも、
二度と来ねぇだろ
ふぅ
さぁ先輩方、
サボって
ばかりいると
卒業できないぞ
サ、サボって
いるんじゃ
ないもん…
じ～ん…
明日から
ちゃんと来られる
卒業できる！
フン！
よ、よかったな。
まぁ、オレは目障り
だからやっつけた
だけだけど
きゅ～ん

強い殺菌・防腐作用でアクネ菌を殺す

サリチル酸は多くの作用を持っているため、医薬品を含め、化粧品などいろいろな製品に配合されており、中でも、殺菌作用と角質を柔らかくする作用に期待して、古くからニキビのケア製品に利用されています。

角質を柔軟にすることによる角栓の予防や塞いでしまった毛穴を開く効果、さらに毛穴の中で増殖してしまったアクネ菌を殺菌する効果などが、ニキビを予防してくれます。

医薬部外品のクリームに対しては、有効成分として、0.1 ～ 1.5%の配合が認められています。

また、殺菌効果を利用して、防腐剤としても配合されています。防腐剤として配合する場合は、サリチル酸は0.2%以下という配合上限もあります。

一方、ニキビケア製品だけでなく、フケ防止のヘアケア製品にも配合されます。医薬部外品のシャンプーの有効成分として、0.1 ～ 2.0%の配合が認められています。

サリチル酸を使った医薬品

ウオノメ、タコ、イボの治療薬として有名な「イボコロリ」（横山製薬）も、サリチル酸の角質軟化作用を利用した医薬品です。

患部に塗るとすばやく乾燥して白い皮膜をつくり、厚く、硬くなった皮膚を柔らかくして、ウオノメ、タコ、イボを取り除きます。

また、サリチル酸をワセリンに分散させたサリチル酸ワセリン軟膏というものがあります。これは、皮膚が炎症で厚くなった乾癬（かんせん）や白癬菌（はくせんきん）にも効くため、角層の奥まで入り込んだ水虫に対しても使われています。

サリチル酸とその他のピーリング成分

サリチル酸は、角質柔軟効果に期待して、ピーリングにも利用されています。ピーリング成分は、グリコール酸➡P143や乳酸➡P144などのAHA（α-ヒドロキシ酸）と、それらとは化学構造の違うBHA（β-ヒドロキシ酸）に大きく分かれ、サリチル酸はBHAです。

サリチル酸が持つピーリング効果は非常に強く、酸が皮膚の深い部分まで浸透してしまうことや血液中に吸収されてしまうことがわかっていて、炎症などの副作用を引き起こす危険性があります。

そのため、ピーリングには規制があり、化粧品やエステサロンでは、「肌の状態をよくする」「化粧のりをよくする」といったレベルの、ごく浅いピーリングのみで使用が可能です。

化粧品でのピーリング効果

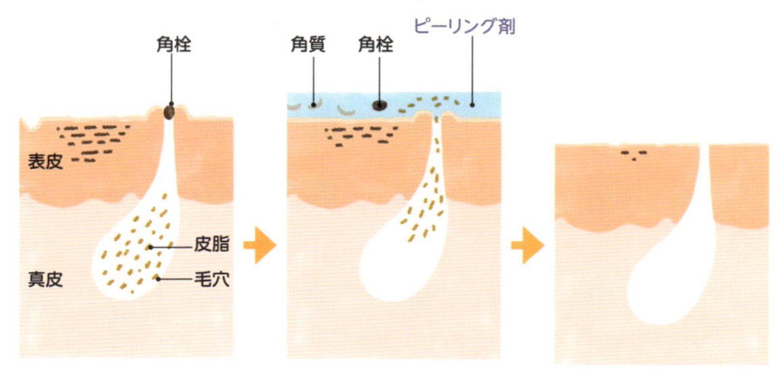

表皮が厚くなって、角栓が毛穴を塞いでしまい、ニキビもできやすくなります。

ピーリング剤を塗布することで、余分な角質をはがすことができます。毛穴の詰まり（角栓）が取れ、毛穴にたまった皮脂が溶けて外に流れ出ます。

毛穴が締まり、古い角質がはがれてくすみが取れ、肌が柔らかくなります。はがれた角質は時間の経過とともに再生します。

独特な臭いの殺菌&角質剥離成分

古くなって傷んだ角質を柔らかくしたり、溶かしたりしてしっかりと取り除くほか、毛穴の詰まりを開いて中にたまった皮脂を排出したり、サリチル酸 ➡P128 同様にニキビや吹き出物の炎症を抑えたりする作用があります。

もともとは天然鉱物ですが、現在は石油由来のものがほとんど。イオウの成分が結晶化した「湯の花」でおなじみのイオウ特有のにおいがすることがあります。

ニキビケアに欠かせない成分

イオウは、ニキビの治療に働く成分として、さまざまな製品に配合されています。

厚生労働省が作成した医薬部外品への有効成分としての配合量には、規定があります。

化粧水なら0.2～1%、クリームなら0.06～2.8%、パックなら2～3%です。

例えばニキビケアで有名な「ビフナイト」には医薬品と医薬部外品があり、配合量は医薬品のほうが医薬部外品より高くなっています。

人呼んで「ジャックナイフ」

塩化ベンザルコニウム

医外 検2

ベンザルコニウムクロリド

配合されるアイテム

その他の効果

触れる者みな傷つける!?ナイフのように尖っているが、不良たち(菌)から細胞を守ってくれる。

ニキビ用洗顔料の成分

ニキビ用の洗顔料には殺菌成分が配合されていることが多く、その代表例が塩化ベンザルコニウムです。昔から医薬品に配合される殺菌・消毒成分として利用されてきました。顔にできるニキビの原因となるアクネ菌はもちろん、背中ニキビの原因菌といわれるマラセチア菌などにも働きかけ、菌の増殖を抑える作用があります。洗顔料だけでなく、薬用シャンプーなどの頭髪用製品にも使われています。ただし、洗浄力はほとんどありません。

医薬品にも使われる強い殺菌力

強い殺菌力を持ち、フケやかゆみを防ぐ頭髪ケア用品、脇臭をはじめとする体臭ケア用品にも使用されている塩化ベンザルコニウム。黄色ブドウ球菌や大腸菌にも有効なことから、殺菌消毒剤として医療現場でも活躍しています。手指・皮膚の消毒、手術時の手術部位の消毒、医療機器の消毒、感染部位の消毒、手術室・病室の消毒などで使われています。洗浄に使う石けんに対し、消毒に使う逆性石けんと呼ばれることもあります。

広範囲の敵、菌やカビを成敗

イソプロピルメチルフェノール

医外　検2

シメン-5-オール

配合されるアイテム

その他の効果

塩化ベンザルコニウムよりはマイルドな頭脳派裏番長で、広範囲の敵から守る。殺菌力や防カビ作用もある。

顔や背中のニキビケアにおすすめ

顔ニキビの主な原因であるアクネ菌を殺す殺菌作用や、背中ニキビの原因であるカビの一種、マラセチア菌を減らす防カビ作用があります。殺菌剤なので、厚生労働省は配合量を制限しており、洗顔料以外のニキビケアに配合される濃度は0.1%以下です。無味無臭で低刺激、アレルギーも発生しないため、医薬品の軟膏や傷消毒薬、医薬部外品として石けん、デオドラント、育毛トニック、ボディソープなどに使われています。

抗菌石けんの代表成分

2016年9月に厚生労働省から、殺菌剤トリクロサン等を配合した薬用石けん（薬用ハンドソープ、薬用ボディソープを含む）の切り替えを促す通知が出されました。

これにより、有効成分として配合できる殺菌剤がイソプロピルメチルフェノールと塩化ベンザルコニウム、イオウ、感光素201号、サリチル酸などとなってしまいました。

中でもイソプロピルメチルフェノールは配合されることが多い成分です。

スポーツ女子（たんぱく質）キラー

プロテアーゼ

検1

プロテアーゼ、パパイン

配合されるアイテム

その他の効果

その好青年ぶりでスポーツ女子（たんぱく質）をメロメロにしちゃう。

古い角質をはがれやすくする

プロテアーゼは、たんぱく質を分解する酵素です。酵素とは、体内での消化や分解などの化学変化を進みやすくする成分です。

よく聞くパパイン酵素もこのプロテアーゼの一種。たんぱく質を構成するアミノ酸のつながりを切断して、アミノ酸やペプチドに分解し、水に溶けやすくします。

そのため、古くなった角質や角栓を分解してはがれやすくする作用があります。

酵素洗顔料に配合される成分

角栓の正体は、角質（たんぱく質）と皮脂です。プロテアーゼは角質を、リパーゼ ➜P138 は皮脂を分解する働きがあるため、この2つは酵素洗顔料に配合されています。酵素は水に弱いため酵素洗顔料はパウダータイプで、洗顔時の水で活性化して古い角質や角栓を除去してくれます。肌の乾燥が気になるときはプロテアーゼのみ、毛穴の詰まりをしっかり落としたいときはプロテアーゼ、リパーゼが両方配合されたものを選ぶこともできます。

甘いマスクで脂を溶かす

リパーゼ

リパーゼ

配合されるアイテム

その他の効果

甘いマスクと言動で女子生徒たちの脂を溶かし、肌もツヤツヤ、体型もスリムにしちゃう。

皮脂を分解する成分

脂質分解酵素のこと。体内では食事の際に摂取した脂肪を分解して吸収を助けることで知られています。化粧品では、肌の皮脂の主な成分トリグリセリドを遊離脂肪酸とグリセリンに分解することで、洗い流しやすくします。このため毛穴に詰まった皮脂を分解し、角栓やコメドができるのを防ぐ効果が期待できます。酵素は水分があるとすぐに効果が下がってしまうので、主に洗顔パウダーや粉末状の入浴剤に配合されています。

アクネ菌が出すリパーゼはニキビのもと！

リパーゼは肌にも存在していて、役立つ場合と悪く働く場合があります。肌に役立つのは、常在菌の1つ、表皮ブドウ球菌がつくり出すリパーゼです。肌表面にある皮脂を分解して肌を弱酸性に保つなど、肌の保護に役立っています。

一方、悪く働くのは、毛穴に潜んだアクネ菌がつくり出すリパーゼ。毛穴の中で過剰な皮脂を分解して、毛穴を刺激し、炎症を引き起こしてニキビを悪化させてしまうのです。

ゴミの片づけ上手で力持ち！

配合されるアイテム

その他の効果

スクラブ

植物由来：アーモンド殻粒、ダイズ種子、アズキ種子、アンズ種子など
塩：塩化Na、海塩
こんにゃく：グルコマンナン
砂糖：スクロース
セルロース：結晶セルロース
サンゴ：サンゴ末
火山灰：火山灰、火山砂、火山土、火山岩末

不要な角質をクリアにする

「スクラブ（scrub）」とは、「こすって磨く」という意味。古い角質を非常に細かい粒子で取り除き、洗い流す目的で、洗顔料やマッサージクリームなどに使用されています。なお、スクラブには植物の種子の皮を粉砕したものや塩や砂糖、こんにゃくなどがあり、粒子の形状もさまざまです。目に入ると痛みを感じたり、眼球を傷つけたりする恐れがあるので注意しましょう。また、肌が弱い人には刺激になることもあるので週１回程度に頻度を調整しましょう。

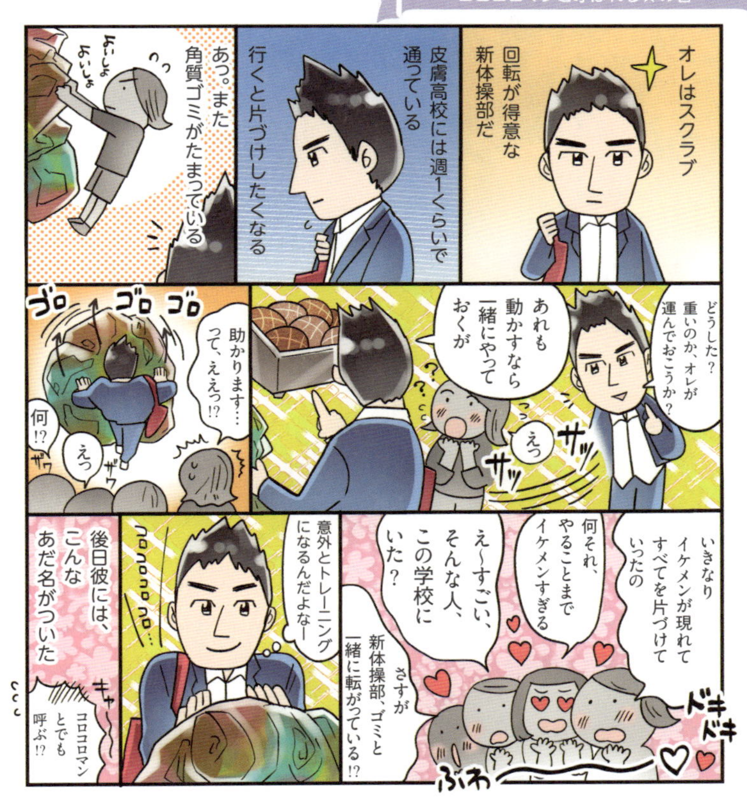

スクラブの種類いろいろ

粒の大きさや形はもちろん、働きにも違いがあるので、肌質や目的に合わせて選びましょう。角がある種子や塩はしっかり除去、角がないこんにゃく、砂糖、セルロースはやさしい除去、多孔質のサンゴや火山灰は吸着除去ができます。

しっかり除去	植物由来（アーモンド殻粒、ダイズ種子、アズキ種子、アンズ種子など）、塩（ソルト）
やさしく除去	こんにゃく、砂糖（シュガー）、セルロース
吸着除去	サンゴ、火山灰

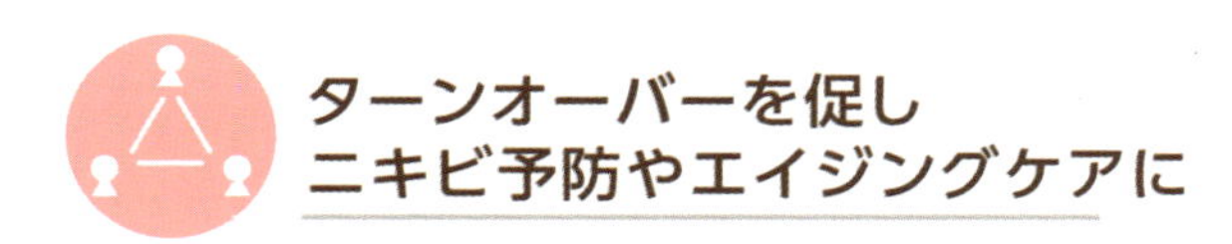

ピーリング／角質肥厚

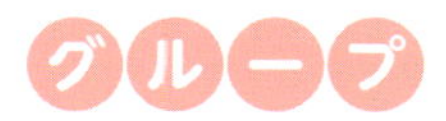

生まれたての素肌に！

ピーリングは、古い角質を化学物質ではがして肌の新陳代謝を促します。角栓を取り除きニキビを予防したり、老化などで乱れたターンオーバーを促し、皮膚を蘇らせたりしてくれます。

化粧品のピーリングは、作用が弱いものです。古く硬くなった角質（角質肥厚）を取り除くもので、主に洗顔やポロポロとカスが出るピーリングジェルに用いられます。このカスはすべてが不要な角質ではなく、ジェルを転がしてその中のゲル化剤が固まる際に、一部の不要な角質が巻き取られるしくみです。

ピーリング成分と効果

ピーリング成分は、酸の種類や濃度によって効果が異なります。

タイプ	成分名	由来	分子の大きさ	ピーリング効果
AHA 検1 検2	グリコール酸 ➡P143	サトウキビ・玉ねぎ	小	大
	乳酸 ➡P144	サワーミルク・ヨーグルト	↓	↓
	リンゴ酸 ➡P144	青リンゴ		
	酒石酸 ➡P145	ブドウ・古いワイン		
	クエン酸 ➡P145	オレンジ・レモン	大	小
BHA 検2	サリチル酸 ➡P126	合成	中	大

ピリッとした刺激！

ケミカルピーリングで使われる最も効果の高いAHA。ほかのピーリング剤が角層表面から溶かしていくのとは異なり、角層細胞同士の結合を弱め、古い角質を取り除きます。その際、肌が炎症し、細胞に刺激を与えることで新陳代謝をよくします。分子量が小さいため肌の内部まで入りやすく、コラーゲンやエラスチンの生成を促す効果もありますが、刺激になることもあります。白ニキビやニキビ跡によく効き、美白効果もあり。配合率が3.6％を超えるものは、劇物扱いとなります。

ピーリングキャラ①

グリコール酸

ピーリング成分のエースで、エステやクリニックでもよく使われる。小さな身体ながらピリッと効き、肌が弱い人にはなかなかキツく感じられることも。「天然にはサトウキビや玉ねぎにいるけど、化粧品に配合される場合は合成されているのさ！」

酸のフットケア

グリコール酸や乳酸、サリチル酸などの酸性の薬剤が入った袋に足を30分～1時間半ほど浸し、足裏の角質をはがしてツルツルにするというケア商品があります。近年、このフットケア商品の中に、FDA（米国食品医薬品局）が推奨しているAHAの濃度10％以下、pH3.5以上になっていない商品があり、それらによる化学やけどが報告されています。化学やけどとは、化学物質によって皮膚や粘膜を損傷することをいい、皮膚が赤く腫れたり、水ぶくれを生じたりします。酸を使ったフットケア商品による化学やけどは、完治に半年以上かかると診断されるものがありました。使用する際は使う時間や刺激に注意しましょう。

皮膚の浅い部分に作用

AHAの中でもピーリング成分として用いられることが多いのが、グリコール酸とこの乳酸です。分子量は小さいがグリコール酸よりは大きいため、肌表面に働きかけ作用は中程度。肌が弱いといわれている日本人には比較的合っているともいえますが、人によっては少しピリピリと感じることも。収れん剤やpH調整剤としても使用されています。

ピーリングキャラ②

乳酸

ピーリングの準エース。比較的小さい身体でよく働く。地球にやさしく、人にもやさしく。もちろん、肌にもやさしいので、肌の弱い日本人も親しみやすい。「サワーミルクやヨーグルト由来なのよ♥」

肌に優しくメジャーなピーリング成分

乳酸よりも分子が大きめ。肌にやさしく、マイルドなピーリング効果があるため、化粧品では幅広く使われ、石けん、シャンプー、化粧水、クリームにも配合されます。

ピーリングキャラ③

リンゴ酸

大きな身体の人気者。「天然にはリンゴの果実にいるけど、化粧品に配合されるときは合成してもらっているよ！」

高い収れん効果にも注目が集まる

AHAに分類されますが、ピーリングよりもむしろ収れん（引き締め）や肌の酸性保持、微生物の発育を止める効果を求めて配合されます。

ピーリングキャラ④

酒石酸

引き締め効果が強く、本人もスリム。クエン酸よりも背が高い。スラッとした、大人っぽさが特徴。「ブドウ酒づくりのときにできたり、合成でつくられたりしているの。色白で人畜無害なやさしい成分です☆」

pH調整に注目が集まる

リンゴ酸よりもさらに分子量が大きい。作用が比較的穏やかなので微弱なピーリングとして毎日使えるアイテムに配合されることがあります。実際はピーリングよりもpH調整剤、収れん剤、酸化防止剤などに幅広く配合されることが多いです。

ピーリングキャラ⑤

クエン酸

レモン、ミカン、ウメ、アンズなどのかんきつ類の酸味成分。「大きくてやさしいからピーリングよりも、メインはpH調整をしています！　安全なので、飲料にもよく入っているよ！」

その他の抗ニキビ成分

作用が強めの医薬品成分、ニキビを予防する医薬部外品成分、緩和な作用の化粧品成分の３種類に大きく分けられます。

医薬品成分（治療用）

成分名	成分の説明
アダパレン	2008年に認可されたレチノイド(ビタミンＡ誘導体)様外用薬。毛穴の詰まりを改善させ、面皰をできにくくする。初期症状や改善した肌状態の維持に有効。
イブプロフェンピコノール	非ステロイド系の消炎鎮痛剤。炎症を抑え、痛みを和らげる。コメド生成を抑える。ニキビ以外の皮膚炎にも広く使用される。
過酸化ベンゾイル(BPO)	2015年に認可された日本では新しい治療薬。アクネ菌を含む原因菌の増殖を抑え、また角質の剥離を促す。
アゼライン酸※	毛穴の詰まりの改善、皮脂分泌抑制、殺菌効果以外に美白効果もあるため、ニキビが治った後の色素沈着にも効果が期待できる。

※日本では未承認のため医薬品成分ではありませんが、医療機関の治療行為（自由診療）で使用されています。

医薬部外品成分

成分名	成分の説明
エストラジオール／エチニルエストラジオール 検2	体内でもつくられている女性ホルモンの一種。皮脂腺の皮脂合成を抑制する。
レゾルシン 検2	アクネ菌殺菌、角質軟化、角質除去作用があり、毛穴をきれいにする働きがある。独特のにおいがある。医薬品としても使用される。

化粧品成分

成分名	成分の説明
キハダ樹皮エキス	黄柏（オウバク）の幹の皮から抽出される。アクネ菌への抗菌、抗酸化が期待できる（医薬部外品表示名称：オウバクエキス）。
コプチスチネンシス根茎エキス	黄連（オウレン）という樹木の根から抽出される。抗炎症、抗酸化が期待できる（医薬部外品表示名称：オウレンエキス）。
セイヨウキズタ葉／茎エキス	セイヨウキズタの茎、葉から抽出される。抗菌、抗炎症が期待できる（医薬部外品表示名称：セイヨウキズタエキス）。
セイヨウニワトコ花エキス	セイヨウニワトコの花から抽出される。抗炎症、収れん効果が期待できる（医薬部外品表示名称：セイヨウニワトコエキス）。

COLUMN

ノンコメドジェニックってどういう化粧品？

ニキビに悩んで化粧品を調べていくと「ノンコメドジェニック」という言葉が出てきます。これはごく簡単にいうと、白ニキビと黒ニキビ（コメド）ができにくい「ノンコメド処方」であるか、実際に人の背中を使って調べた化粧品、という意味です。

以前は「油分がニキビを悪化させる恐れがあるため、ニキビのある人は、メイクはしてはいけない、油分入りのスキンケアは使ってはいけない」というのが通説でした。油分が毛穴を塞ぐからです。しかし「ノンコメドジェニックテスト済」と記載された化粧品を使えばニキビを予防しながらメイクや油分入りのスキンケアを取り入れることもできます。

最後に、ニキビができてしまったときの注意点を、いくつか述べておきます。

1. つぶさない。雑菌が入って炎症を起こす可能性が
2. 過剰に洗顔しない
3. 油分を控えめに

ニキビは悪化すると跡が残ってしまうこともあるので、上記３つの注意点を守ってきれいに治しましょう。

抗炎症成分に

肌荒れ・炎症をくい止める！

炎症のしくみを知り、赤みやかゆみを抑える成分について知っておきましょう。

炎症の原因

加齢や生活習慣の乱れ（内的要因）や紫外線、摩擦などで生じる刺激（外的要因）によって、微弱な炎症が起こります。これにより炎症性物質が発生するとターンオーバーの乱れ、メラニンの産生促進、コラーゲンの破壊につながり、乾燥、シミやくすみ、ハリ・弾力不足など、さまざまな肌トラブルが起こります。

抗炎症成分は、肌トラブルを引き起こす炎症性物質の発生を抑えてくれます。医薬品でも抗炎症剤はありますが、化粧品では濃度を低くしたもの、作用が緩やかで速効性は低いものの、連続して使用しても副作用がほとんどなく、安全なものが利用されています。

炎症のしくみ

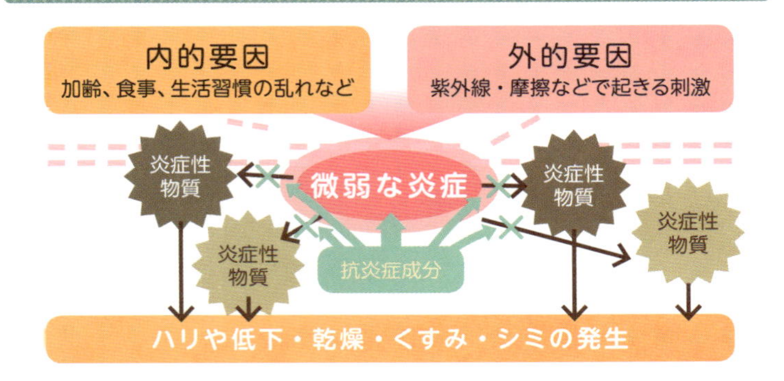

期待できること

炎症の悪循環

炎症状態が続くと、普段は真皮に存在するかゆみの知覚神経の末端が、表皮まで伸びてきます。こうなると低いレベルの刺激も感じるようになり、わずかな刺激でも「かゆみスイッチ」が入ってしまい、よりかゆみを感じるようになります。そのため肌を頻繁にかくようになり、かくことでさらに炎症を引き起こします。

このように悪い循環に陥ることで、炎症が悪化したり持続したりすることになります。さらに、炎症により肌のバリア機能が低下することで化学物質が表皮内に浸透しやすくなり、化学物質が引き起こす炎症がまた、さらなる悪化につながってしまいます。

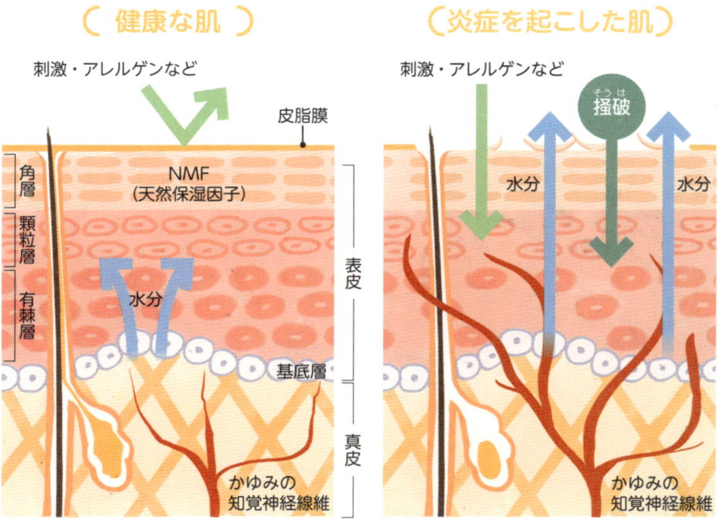

抗炎症

消防団が大火事（炎症）を予防

肌の火事（微弱な炎症）を消す、ファイヤーマンたち。消化器を使ったり、ホースで水をかけたり。大きな被害をくい止めるためにははしご車だって動かしちゃいます！　また、地道な「火の用心」を呼びかける活動も。これにより大火事（炎症）を予防することが大切。

ゴオオオオオオオ
紫外線
ジャー
立入禁止
ボクに任せて！
頼りになるベテラン消防士
グリチルリチン酸2K
バシャーッ
消
この程度ならお手のものさ！
消火器
軽度の炎症と戦う消防団
アラントイン

頼りになるベテラン消防士

配合されるアイテム

その他の効果

グリチルリチン酸2K

検2 医外

グリチルリチン酸2K、[医外] グリチルリチン酸ジカリウム

消炎作用にすぐれていて、ボヤはもちろん、火事（微弱な炎症）まで、しっかり鎮火してくれる。一番人気の頼りになるファイヤーマン。

抗炎症に最も使われる成分

甘草の根に含まれる成分で、炎症を悪化させる物質をブロックすることで炎症を抑えたり、アレルギーを防いだりする効果があり、肌荒れやニキビ予防におすすめです。医薬品の有効成分としても使用されていて、化粧品や医薬部外品ではスキンケアや日焼け止め、シャンプー、育毛剤、歯磨き粉など、長年にわたり、幅広く使われています。グルチルリチン酸2Kは、水に溶ける成分ですが、油に溶ける「グリチルレチン酸ステアリル」という誘導体も使われています。

火事ならボクに任せて！
頼りになるベテラン消防士の巻

4000年以上使われてきた成分

甘草はマメ科の植物で、薬用植物として世界中で利用されています。その歴史は4000年にわたるといわれ、古代エジプトのツタンカーメン王の墓地からも甘草が発掘されています。医薬品としては肝機能の働きを改善したり、皮膚の炎症を抑えたりする効果があります。食品分野でも調味料や菓子などの甘味料としても広く使われており、甘草の根から抽出するグリチルリチン酸はショ糖（砂糖の主成分）の150倍の甘さがあります。

軽度の炎症と戦う消防団

アラントイン

アラントイン

配合されるアイテム

その他の効果

鎮火（微弱な炎症の改善）が得意。大火事（炎症）を起こさないのがモットー。

傷ついた肌の回復を助ける

尿素から合成されたり、コンフリーの葉など植物から採れたりする成分です。微弱な炎症を鎮める効果が期待されています。さらに、線維芽細胞を増やす作用により、傷ついた表皮の再生を促進する効果もあり、これらの2つの作用により肌荒れの改善を目的として、化粧品に配合されています。

皮膚への刺激を緩和したり、アレルギーを引き起こす物質から肌を守ったりする作用もあります。

カタツムリコスメで一躍有名に

カタツムリ飼育中にできた傷はすぐ癒える──この現象にまず南米が注目し、発見された「カタツムリコスメ」。その後、韓国や日本でも注目され、カタツムリが通ったあとにつくネバネバした粘着液・カタツムリ分泌液を配合したスキンケア製品が話題となりました。このカタツムリ分泌液の中に、天然のアラントインが含まれていることがわかりました。そのため、炎症を抑えたり、肌を再生したりする効果があり人気となったのです。

肌の炎症を防ぐ火の用心軍団

配合されるアイテム

その他の効果

アズレン

油溶性：アズレン、グアイアズレン
水溶性：グアイアズレンスルホン酸Na

火事（微弱な炎症）は起こさないのがいちばん！　でももちろん火事が起きてしまったら駆けつけて消火活動もする。

消炎・殺菌効果で肌を健やかに

カモミール（カミツレ）から採れる精油に含まれる成分です。濃い青色で、化粧品の原料としては、水に溶けやすくした水溶性アズレンがよく使われます。炎症によるニキビや肌荒れを予防することを目的として化粧品に配合されます。抗炎症剤としては医薬品にも使用され、アレルギー症状により分泌されるヒスタミンの発生を抑えることで炎症を鎮めます。花粉症による目のかゆみを抑える目薬や胃腸薬、うがい薬に配合されています。

その他の抗炎症成分

微弱な炎症を抑える抗炎症成分はいろいろありますが、中でも化粧品によく配合されるものを紹介します。

成分名	成分の説明
アルニカ花エキス	キク科の多年草、アルニカから抽出される。抗炎症に働くほか、炎症によりつくられるヒアルロン酸分解酵素の働きを防ぐ効果がある。
ゼニアオイ花エキス	ウスベニアオイ由来。抗炎症効果のほか、顆粒層でNMF成分のアミノ酸のもととなるたんぱく質の生成を促進する作用がある。
テンニンカ果実エキス	天人花から抽出。肌に本来備わっているDNA修復能力を高め、肌ダメージの修復機構の稼働時間を延長させる作用が期待できる。実は食べることができ、甘く、菓子などに加工される。
オウゴン根エキス	抗炎症に働き、ヒアルロン酸やコラーゲンの分解を阻止する働きがある。古くから栽培され、漢方薬としても有名。
ゲンチアナ根茎／根エキス	苦味のあるハーブの一種。消化器官にも働き、消化剤としても用いられる。抗炎症効果のほか、収れんや皮膚を柔軟にする作用がある。
シソ葉エキス	さまざまな要因から生じる炎症を抑える効果が期待できる。シソ自体にも、殺菌、防腐、解熱、解毒などの作用があり、さまざまな症状の改善に用いられる。
クマザサ葉エキス	イネ科のササ。期待される作用は、抗炎症、抗菌。口臭や体臭の除去にも効果がある。
酸化亜鉛 検1	収れん効果や消炎効果がある。白色粉末で着色剤や紫外線散乱剤としてもメイクアップ化粧品やボディケアなど広く使用されている。
ムラサキ根エキス	ムラサキの根（シコン）から抽出。消炎効果や制菌効果があり、古くから皮膚炎用の軟膏薬「紫雲膏」の主成分として有名。
モモ葉エキス	モモの葉から抽出される。抗炎症のほか、角質の水分量を増加させたり、肌荒れを改善したり、ヒアルロン酸を保護したりする働きがある。
ヨモギ葉エキス	古くから薬用としても広く用いられてきた。アレルギーに関係するヒスタミンの分泌を抑えることによる抗炎症作用がある。過酸化脂質の生成を抑制する抗酸化作用もある。
ローズマリー葉エキス	ハーブの一種。シソ科の植物。神経成長因子NGFを阻害することによる抗炎症、抗アレルギー効果がある。抗酸化にも働く。精油を含め薬用、食用など広く利用される。
ローマカミツレ花エキス	キク科植物のローマカミツレの花から抽出。消炎効果に非常にすぐれている。スキンケアのほか、ヘアケアにも多く配合される。
オトギリソウ花／葉／茎エキス	オトギリソウの花、葉、茎から抽出される。消炎効果に加えエラスチンを分解する酵素を阻害して、エラスチンを保護する。
ビワ葉エキス	古くから薬草としても用いられてきた。抗炎症、抗酸化のほか、コラーゲン保護、収れんなどの働きが期待される。

注目の発酵を使った抽出方法！

発酵グループ

人間にとって有益な「発酵」法

料理の分野でも、コウジや味噌、甘酒など発酵食品が人気ですが、実は美容の分野でも、「発酵」は美容成分をつくり出す方法として古くから用いられています。

まずは微生物のエサとなる、植物や果物から得られる糖質などの培養液を用意します。そこにコウジ菌や酵母、乳酸菌などの微生物を加え、時間をかけてじっくりと発酵させます。いわゆる「植物エキス」は、植物の花や根・茎などの部位を水やアルコール、BGという保湿成分を用いて抽出する煎じ薬のようなもので、植物にある成分を抽出して濃縮したものです。一方「発酵」とは、微生物が持つ酵素の働きによって糖やたんぱく質を分解させること。発酵すると成分の粒子が小さくなるため、肌に浸透しやすくなります。また、発酵により、ポリフェノール、ペプチド、ビタミン、ミネラルなど肌への美容効果のあるさまざまな成分がつくられます。成分は発酵に使用した微生物ごとに異なります。

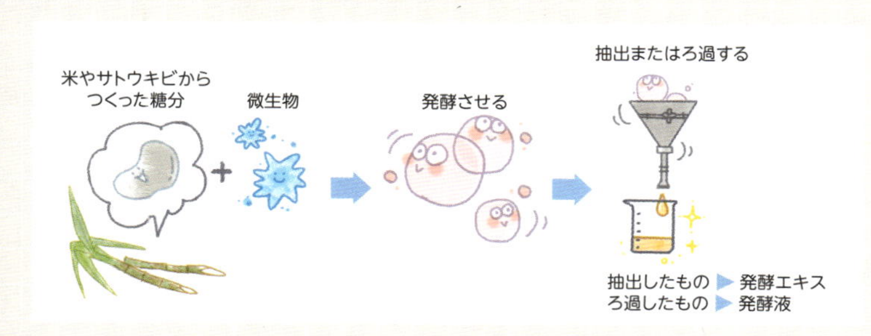

12種類の肌の悩みに対応！

コメから抽出したエキスをさらに発酵させてつくったエキス。発酵に用いられた菌（微生物）により効果が異なり、今では12種類あります。ナンバーの違うものはその種類も違っていて、期待される効果もそれぞれ。また、日本で昔から使われている「米ぬか」とも別の美容成分。

発酵キャラ①

ライスパワー（コメエキス）

みんなお米の成分だけど、12種類、特徴や得意分野はそれぞれ。「ボクたち共通の特徴は、髪や肌を保湿する、とってもいい働きがあることなんだ！」

種類	表示名称		医薬部外品有効成分	特徴
	医薬部外品	化粧品		
ライスパワーNo.1		米抽出液		肌の保水をサポートして、皮膚を健やかに保つ
ライスパワーNo.1-D	ライスパワーNo.1-D		○	温浴効果とスキンケア効果。入浴剤用
ライスパワーNo.1-E		米抽出液		髪と地肌をダメージから守り健やかに保つ
ライスパワーNo.2		米抽出液		肌を守りながら毛穴の奥などの汚れを取り除く
ライスパワーNo.3		米抽出液		肌そのものが持つうるおいをサポートして汚れを落としながらうるおいを与える
ライスパワーNo.6	ライスパワーNo.6		○	皮脂の分泌を抑える
ライスパワーNo.7	ライスパワーNo.7	米抽出液		皮膚の油分を保ち、乾燥やカサツキをケアする
ライスパワーNo.10	ライスパワーNo.10	米抽出液		皮脂のバランスを整える
ライスパワーNo.11	ライスパワーNo.11	コメエキス	○	細胞間脂質を増やして肌の水分保持を強化
ライスパワーNo.23	ライスパワーNo.23			肌本来の防衛力でサポートし、透明感を高める

栄養豊かで細胞を元気にする

真菌類の酵母から得られるエキス。たんぱく質やビタミン、酵素類を豊富に含んでいます。細胞を元気にして代謝を促進したり、チロシナーゼをブロックしてメラニンの生成を抑えたり、炎症を鎮めたりなど、使用する酵母により、効果はさまざま。

発酵キャラ2

酵母エキス（加水分解酵母など）

酵母だから、パン、ビール、ワインを醸造するのはお手のもの。「お母ちゃんのそばでワインとパンで食事して、ゆっくり休みなさい」

表示名称	種類	特徴
化粧品：サッカロミセスセレビシアエエキス 医薬部外品：酵母エキス - 3	ワイン酵母	・抗酸化・細胞増殖促進 ・保湿
化粧品：酵母エキス、コメ発酵液	日本酒酵母	・ハリ、ツヤ・保湿
化粧品：加水分解酵母 医薬部外品：酵母エキス (1)、または酵母エキス (2)	パン酵母	・細胞増殖促進・美白（メラニン生成抑制）・保湿

日本酒の杜氏の手はなぜ美しい？

SK-Ⅱに配合されているピテラ™（ガラクトミセス培養液）という成分は、杜氏の手が驚くほど柔らかく美しいことをヒントに開発された成分。自然界にある酵母350種類からえりすぐった酵母を用いた発酵液からつくられています。

肌を保湿し、美白、ハリ、弾力UP！

豆乳を搾って発酵させることで、女性ホルモンに似た作用を持つイソフラボンの働きが高まります。保湿力を高め、メラニン生成抑制によるシミ予防効果も。さらに、線維芽細胞の増殖作用があり、ヒアルロン酸やコラーゲン、エラスチンの産生を促進し、ハリや弾力をアップさせます。

発酵キャラ③

豆乳発酵液

女性ホルモンの権化。色白のはんなりした美人さん。「色白のぷるぷる肌にしてさしあげます♥」

細胞を元気に！　ハリ、弾力UP！

植物性で、細胞の新陳代謝を活発にする働きがある。また、線維芽細胞を増殖し、ヒアルロン酸やコラーゲン、エラスチン産生を促進することで、ハリ・弾力を高めてシワを目立たなくさせる。

発酵キャラ④

納豆菌発酵液
（バチルス／（コメヌカエキス／ダイズエキス）発酵液）

大豆や米ぬかを納豆菌で発酵させたもの。細胞を元気にさせたりコラーゲンの産生を促進したり。「納豆のように粘り強く、細胞の新陳代謝を活発にさせるよ！」

常在菌とフローラ

ヒトの肌の上には１兆匹以上の常在菌が棲んでいます。この多種多彩な菌による肌での常在菌のバランスのことを「肌フローラ」といいます。

この菌バランスが壊れたときに肌トラブルに発展します。美肌菌と呼ばれる表皮ブドウ球菌は、角層に存在しており、運動不足により汗をかかないことや長時間の入浴、過度な洗顔により減ってしまいます。肌が乾燥し、アルカリ性に傾くと、悪玉菌と呼ばれる黄色ブドウ球菌が増殖して炎症を起こします。また、皮脂分泌が多くなるとマラセチア属真菌が増えて、脂漏性皮膚炎やアトピーの悪化を引き起こします。そのため、バランスを崩さないようなお手入れをしていくことが大切です。

常在菌の種類と働き

種類	分類	特徴
表皮ブドウ球菌	細菌 （善玉菌）	肌表面や毛穴に存在、皮脂をエサにグリセリンや脂肪酸をつくり出す。汗を分解して体臭のもとになることもある。美肌菌とも呼ばれる。
アクネ菌	細菌 （日和見菌）	酸素があるところでは繁殖できないため、毛穴や皮脂腺に存在。皮脂をエサにグリセリンや脂肪酸、プロピオン酸をつくり出す。普段は役に立つ菌だが、皮脂が過剰になったり毛穴が塞がれると炎症を起こし、ニキビの原因になる。
マセラチア属真菌	真菌 （日和見菌）	毛穴に存在し、皮脂をエサにグリセリンや脂肪酸をつくり出す。数が増えると、脂漏性皮膚炎（炎症）やフケ、アトピーの悪化などを引き起こす。
黄色ブドウ球菌	細菌 （悪玉菌）	肌表面や毛穴に存在。病原性が高く、肌がアルカリ性に傾くと増殖して皮膚炎や傷の部分では膿を引き起こす。

美肌菌のエサになり肌を保湿

ヒト由来の乳酸菌「エンテロコッカスフェカリス EC-12株」を加熱処理した菌末。加齢により減少する皮膚の善玉菌・表皮ブドウ球菌を育て、肌のバリア機能の一端を担う皮膚常在菌叢（肌フローラ）を整えます。肌フローラが乱れた年齢肌や敏感肌のバリア機能の改善が期待されます。

菌キャラ ①

ラ・フローラEC-12
（エンテロコッカスフェカリス）

美肌菌のエサになり、元気にする王子様キャラ。加熱された粉末です。
「ボクが美肌菌を育てるのさ♪」

美肌菌が大好物な糖

バイオエコリアは美肌菌のエサとなって美肌菌を育て、ほかの常在菌とのバランスを整えることで肌荒れ防止効果が期待できます。さらに、抗菌ペプチドを増やし、自己免疫力を高めます。

菌キャラ ②

バイオエコリア
（α-グルカンオリゴサッカリド）

“美肌菌”にモテモテ。甘さが魅力!?
「ボクってとっても甘々。美肌菌にモテモテで困っちゃうな〜♪」

COLUMN

炎症、微弱な炎症の原因は何？

炎症は、身体にとって有害な刺激が外部から侵入するか、あるいは内部で発生したときに起こります。また、肌が赤くなる炎症だけでなく肌内部で起こる微弱な炎症も美肌の大敵。下記のような肌トラブルを誘発するスイッチを押します。あらゆる肌トラブルに関係しているといっても過言ではありません。

炎症を引き起こす原因

外部要因：化学物質、細菌、アレルゲン、紫外線、環境汚染物質など

内部要因：ストレス、肥満、疾病など

炎症による肌トラブル

シミ・ソバカス：メラニン合成の指令物質を出し、メラニン産生を促進

乾　燥：角層細胞が正しくつくられず、細胞間脂質、NMF 成分も減少する

シワ・たるみ：真皮成分の分解を起こす酵素をつくる指令を出し、コラーゲンやエラスチンなどの変性を起こす

くすみ：糖化の引き金となる

PART3

もっと知りたい！化粧品の成分

これまで、美容成分の特徴について解説してきました。PART3では、PART1でもお話しした基剤や品質保持のための成分 ➡P18 についてくわしく説明していきます。

もっと知りたい！　化粧品の成分

美容成分以外に入っているもの

P18で紹介したように、化粧品の大部分は
基剤=ベースとなる成分でできています。

水溶性成分

水に溶ける成分。水分を逃がさないようにするため、肌を引き締めるため、感触を調整するためなど、さまざまな目的で配合されます。
詳しくは ➡P168

界面活性剤

水にも油にもなじむ成分。水と油の仲を取り持ち混ざり合わせるため、乳化、洗浄、柔軟、帯電防止などの目的で配合されます。
詳しくは ➡P174

油性成分

油に溶ける成分。角層の水分が外へ蒸発するのを防いで、うるおいを保つために配合されます。
詳しくは ➡P170

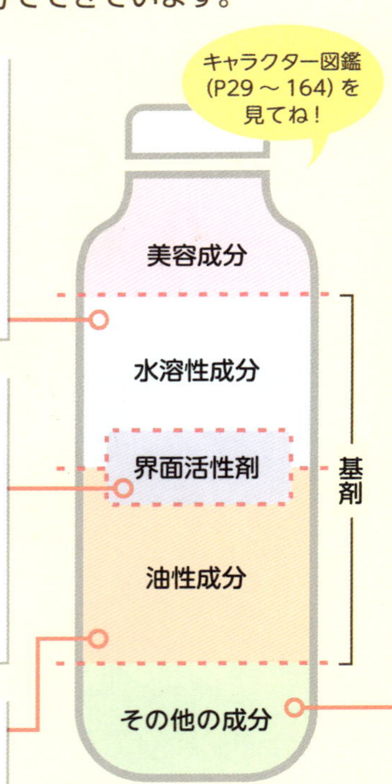

その他の成分

増粘剤

とろみをつけたり、水と油の分離を抑えたりするための成分。
詳しくは ➡P178

pH調整剤

pH（酸性～アルカリ性の度合いを示す数値）を調整するための成分。
詳しくは ➡P178

キレート剤

金属イオンによる化粧品の劣化を防ぐ成分。
詳しくは ➡P179

酸化防止剤

化粧品の酸化を防ぐ成分。
詳しくは ➡P179

防腐剤

微生物の繁殖を防ぎ、化粧品の品質を長期間保持するための成分。
詳しくは ➡P179

香料

化粧品に香りをつける成分。
詳しくは ➡P181

紫外線カット剤

紫外線を吸収したり散乱させたりして、肌に届かせないための成分。
詳しくは ➡P180

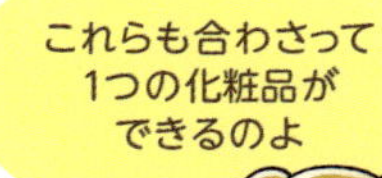

※代表的なものをP178～181にまとめました。

基剤 水（水溶性成分）

化粧品のベースをつくる成分である基剤。その中でも、水に溶ける性質を持つ水溶性成分は、水分を逃がさないようにする保湿剤や肌を引き締める成分などがあり、化粧水からクリームまでさまざまな化粧品に配合されます。

水溶性成分の主な働き

保湿する
水分を逃がさないようにする※

溶かす
ほかの成分を溶かす

引き締める
肌を引き締める

感触調整
肌触り、使い心地を調整する

なじませる
肌なじみをよくする

※モイスチャー効果

化粧品に配合される水

化粧水の全成分の表示を見ると、ほとんどの場合、化粧品では「水」、医薬部外品では「精製水」が最初に書いてあります。この水、実はとてもピュアな水なのです。

一般的には水道水からミネラル成分（イオン）を取り除き、紫外線ランプで殺菌されています。さらに何度かフィルターでろ過して、異物を取り除いてもいます。

そのほか、化粧品には「温泉水」や「ローズ水」など、こだわった水を配合することもあります。

主な水溶性成分

タイプ	表示名称	慣用名または別名	特徴
水	水	精製水	肌に水を届ける。すぐに蒸発してしまうので、保湿剤やエモリエント剤のケアが大切。
エタノール	エタノール 検1	エチルアルコール、アルコール	清涼剤。抗菌剤。さっぱり、すっきりとした使用感に。
保湿剤	グリセリン 検1	濃グリセリン	高い保湿性がある。グリセリンは水と反応して発熱するため、温感を与える成分として使われる。
	ジグリセリン		
	PG	プロピレングリコール	保湿。さっぱりとした使用感。静菌性があるため、防腐剤の働きを助けたり、代わりに配合されたりすることもある。処方やデータにより異なるが目安としてBGは8%以上、ペンチレングリコールは4%以上、ヘキサンジオールは2%以上で静菌力を発揮することができる。PGは旧表示指定成分。DPGはBGよりなめらかな使い心地。プロパンジオールは植物由来。
	DPG 検1	ジプロピレングリコール	
	BG 検1	1,3-ブチレングリコール	
	プロパンジオール		
	ペンチレングリコール 検1	1,2-ペンタンジオール	
	ヘキサンジオール	1,2-ヘキサンジオール	
	カプリリルグリコール	1,2-オクタンジオール	
	PCA-Na 検1		アミノ酸に次ぐNMF成分。グルタミン酸からつくられる。適度な保湿効果でヘアケアにも配合される。
	キシリトール		白樺などの樹木に含まれるオーラルケアで有名な糖の一種。保湿以外にも、肌荒れを防ぐ効果の研究が進んでいる注目の糖。
	ベタイン 検1	トリメチルグリシン	ビートの糖蜜から合成される。グリセリンよりも保湿性にすぐれるが、湿度の高い季節ではベタつくこともある。
	コンドロイチン硫酸Ｎａ	コンドロイチン硫酸	ヒアルロン酸とともに、真皮でたくさんの水を含み、クッションの役割を果たしている。化粧品ではヒアルロン酸と同じように角層で水分を捕まえ、保湿効果を発揮する。
	ポリグルタミン酸Ｎａ	ポリグルタミン酸塩	納豆のねばねば成分。肌の上で柔らかい被膜をつくり、水分を保つだけでなく、NMF成分の産生を促進する効果もある。

※水溶性成分の中には美容成分として扱われるものもあります

基剤 油（油性成分）

油性成分は、油で肌から水分が蒸発するのを防いで、
うるおいを保ったり肌を柔軟にしたりするために配合されます。
肌を覆うことで、外的刺激から保護してくれます。

油性成分の主な働き

うるおいを保つ
水分が蒸発するのを防ぎ、うるおいを保つ※

感触調整
高級感を出したり、使い心地をよくしたりする

使いやすくする
クリームや乳液の硬さを調整する

※エモリエント効果

柔軟
肌を柔らかくする

溶かす
油性成分同士を溶かす

常温での油の形状と使用感

油は、その粘度や硬さにより、使用感に変化をもたらすことができます。液状油はさらっとした感触のものが多く、伸びがよくなります。固形や半固形は粘度が高く硬めのものが多く、コクやリッチ感を演出できます。化学式や成分名から形状が予測できます。高級脂肪酸、高級アルコール、ロウ類は主に固形です。成分名に～油、～オイルとつくものは液状、～脂、～バターとつくものが半固形、～ロウ、～ワックスとつくものは固形である場合が多いです。

主な油性成分

油性成分には以下の6つの分類があります。それぞれの特徴や配合目的などを見てみましょう。

炭化水素

酸化などの反応性がほとんどなく、化学的にとても安定で変質しにくい。多くは石油由来だが、今では精製度が高く、安全性も高い。使用感の幅も広い。

検定	表示名称	慣用名または別名	特徴
検1	ミネラルオイル	流動パラフィン、鉱物油	石油由来。さらっとした感触で伸びがよい。肌へほとんど浸透しないため、ベビーオイルやクレンジング剤などさまざまなアイテムに使用される。
検1	パラフィン	パラフィン、ワックス	パラフィンは石油由来。セレシンは鉱物由来。乳化しやすい。口紅やクリームの硬さを調整したり、肌への感触をよくするために使用される。パラフィンよりセレシンの方が硬い。
	セレシン	セレシンワックス	
検1	ワセリン	白色ワセリン、プロペト、ヴァセリン	石油由来、半固形。粘性がありベとつく。肌へほとんど浸透せず表面で膜をつくり水分蒸発を防ぐ効果が高い。
検1	マイクロクリスタリンワックス		石油由来の固体。ワセリンの固形部分のみを分離した油。固化剤。口紅やクリームを硬くし、形づくる。
	水添ポリイソブテン	流動イソパラフィン、軽質流動イソパラフィン、重質流動イソパラフィン	石油由来。伸びがよく、ベタつきの少ない使用感で髪にツヤを与える効果があり、スキンケア以外にも幅広く使用される。
	イソドデカン	軽質イソパラフィン	すっきりした軽い質感でベタつきもない。油っぽい感触が好まれないメイクアップ化粧品に使用される。

高級アルコール

多くは天然油脂などをもとにつくられる。クリームや乳液などの粘度を調節したり、乳化を安定させたりする目的で配合される。ヘアトリートメントのトリートメント成分としても配合される。

検定	表示名称	慣用名または別名	特徴
	セタノール	セチルアルコール、パルミチルアルコール	固形油。高い保水性がある。クリームや乳液の粘度をあげたり、乳化を安定させるのに使用。ヘアトリートメント成分としても配合される。
	ステアリルアルコール		
	オクチルドデカノール	2-オクチルドデカノール	いろいろな油によく溶け、熱にも強く酸化しにくい液状油。通気性がよくベトつき感を軽減することができる。粉体を分散させやすくメイクアップ化粧品の口紅や乳液、クリーム、スタイリング剤に使用される。

高級脂肪酸

植物や動物から採れる油脂をアルカリで分解（けん化）することでつくられる。皮脂の成分の1つで、乳液やクリームの粘度を出したり、石けんの原料として使用されたりする。化粧品に使用される脂肪酸の種類は限られている。

検定	表示名称	慣用名または別名	特徴
	ラウリン酸		固体で酸化しにくい。クリームの硬さを調整するほか、石けん成分の材料として洗顔料に使用される。ラウリン酸は泡立ちがよく、ステアリン酸は刺激が少ないが泡立ちは劣る。
	ミリスチン酸		
	パルミチン酸		
	ステアリン酸		
	イソステアリン酸		液状で酸化しにくく通気性もよい。クレンジングや紫外線散乱剤の表面をコーティングにも使用。

油脂

植物や動物から採れる油分。使用感や特徴の違いは構成される脂肪酸による。一般的に酸化されやすい。エモリエント剤、石けんの原料などとして配合される。

検定	表示名称	慣用名または別名	特徴
	オリーブ果実油	オリーブ油	淡黄色の液体。人の皮脂に近いオレイン酸が約75%を占めるため、肌と親和性が高く、角層からの水分蒸散を防止し、肌を柔軟にする作用がある。
	ツバキ種子油	ツバキ油	オレイン酸が約85%を占めており、油脂の中では安定性が高い。髪への吸収性が高く古くから髪油として使用される。
検1	水添ヒマシ油	硬化ヒマシ油、キャスターワックス	酸化しやすいヒマシ油を酸化しにくくしたタイプ（硬化）。そのため固形の油となる。肌密着性が高い。ゲル化剤としても使用される。
	マカデミア種子油	マカダミアナッツ油	軽い感触のパルミトレイン酸（20代に多く30代から減少）を約20%も含み、肌になじみやすく伸びもよい。
検1	カカオ脂	ココアバター、カカオバター	使用感調整剤。体温近くで溶け、肌の柔軟効果がある。ほんのりしたカカオの香りがある。
	アルガニアスピノサ核油	アルガンオイル、アルガン油	ビタミンEやポリフェノールを含む。リノール酸が多めなので、比較的酸化しやすい。肌なじみが良く、オリーブ油と比べべとつきが少ない。
	アボカド油		ビタミンA、E、B群を含む。保湿力が高く、肌柔軟作用もある。浸透性にもすぐれ、濃厚でリッチな使用感。
	プルーン種子油		オレイン酸とリノール酸で約90%を占めており、酸化しにくい。頭皮に柔軟性を与え乾燥を防ぎ、髪のツヤとしなやかさを保つ。芳醇な香りを持つ。

ロウ類（ワックスエステル）

植物や動物から採られ、ほとんどが固形（ワックス）状。口紅やスティック状の化粧品を固めたり、クリームの使用感にコクを与えたりするために用いる。

検定	表示名称	慣用名または別名	特徴
	カルナウバロウ	ブラジルワックス	植物由来。固体。植物ロウの中でも最も硬く高温に強いため、口紅や脱毛ワックスなど固めるために使用される。
検1	キャンデリラロウ	キャンデリラワックス	
検1	ホホバ種子油	ホホバ油、ホホバオイル	ホホバの種子由来。液体ロウ。高温にも強く、酸化されにくい。油っぽさがなく肌なじみがいい。
検1	ミツロウ	ビーズワックス	ミツバチ由来。固体。粘り気や弾性があるためスティック状のメイクアップ化粧品に、スキンケアでも粘度やリッチ感を出すのに使用される。

エステル（アルコール＋脂肪酸）

肌を油膜で保護しうるおいを保つ効果や、特徴の違う油同士や色素、香料を溶かす働き、硬さの調節、光沢をあたえるなど様々な目的で配合される。

検定	表示名称	慣用名または別名	特徴
検1	トリエチルヘキサノイン		液状。べたつきが少なく肌なじみもよい。非常に酸化しにくく、ほかの油に溶けやすいため幅広く使用。
検1	エチルヘキサン酸セチル		液状。薄く広がり油のベタつきのないさらっとした感触。肌や髪になじみやすく、粉の分散性もよい。
検1	ヒドロキシステアリン酸コレステリル		淡黄色のペースト状でわずかに特異臭がある。細胞間脂質の類似成分で水を抱える力が高くなじみやすい。

シリコーン

土の成分ケイ素をつなげてつくった合成の成分。水にも油にも溶けにくく、メイクアップ化粧品や日焼け止め、さらさら感を出すヘアケアに使用。質感や働きは油と近いが、化学式から油に分類されないこともある。

検定	表示名称	慣用名または別名	特徴
検1	ジメチコン	メチルポリシロキサン	最も代表的なシリコーン油。さらさらしたものからこってりしたものまであり、低粘度のものは揮発性がある。
	シクロペンタシロキサン	環状シリコーン	揮発性があるため、オイル美容液やヘアオイルに油っぽさを残さない感触調整のために配合される。

※油性成分の中には美容成分として扱われるものもあります

基剤 界面活性剤

化粧品のベース（基剤）は水と油ですが、もともと
混ざり合わないため、これらを結びつける界面活性剤は、
化粧品には欠かせない成分です。

界面活性剤の特徴

界面活性剤の形

界面活性剤は、水にも油にもなじみやすい性質があります。そのため、もともと混ざりにくい「水」と「油」を混ぜ合わせることができます。

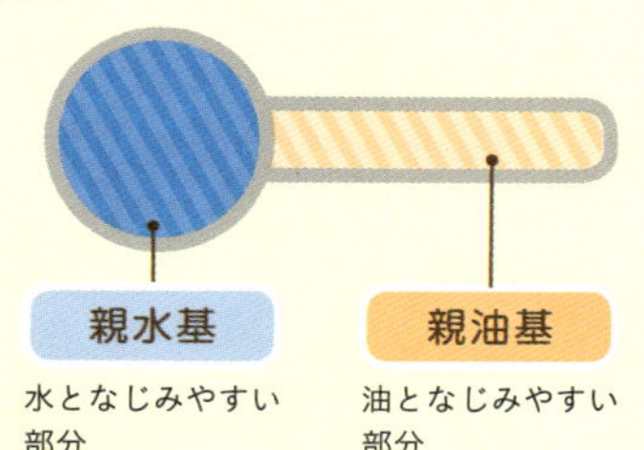

界面活性剤の主な働き

乳化する
水と油を混ぜ合わせる

溶かす
水に溶けにくい物質を溶かす

洗う
ほこりなどの汚れを洗い流す

2種類の乳化

水と油を混ぜ合わせる「乳化」。混ぜ合わせるといっても、完全に溶け合うわけではなく、細かい粒になって分散している状態をいいます。

乳化には、以下の2種類があります。

水の中に油が分散

O/W型
(Oil in Water)

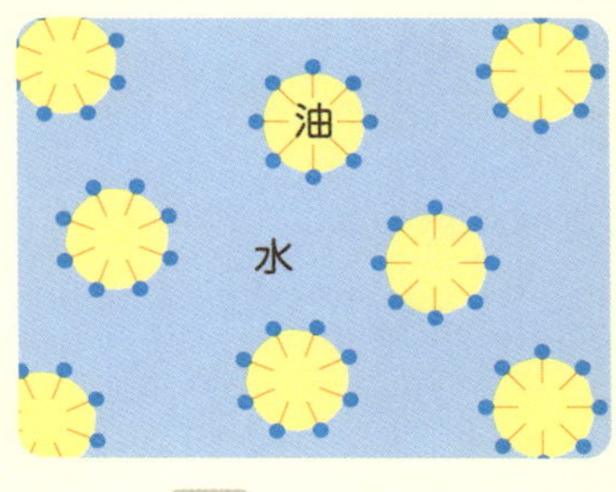

乳液やクリームなどがこの形。手の甲に塗布し、水で洗い流すと、外側に水があるので、流れる。乳製品にたとえると水の中に油が分散している牛乳。

油の中に水が分散

W/O型
(Water in Oil)

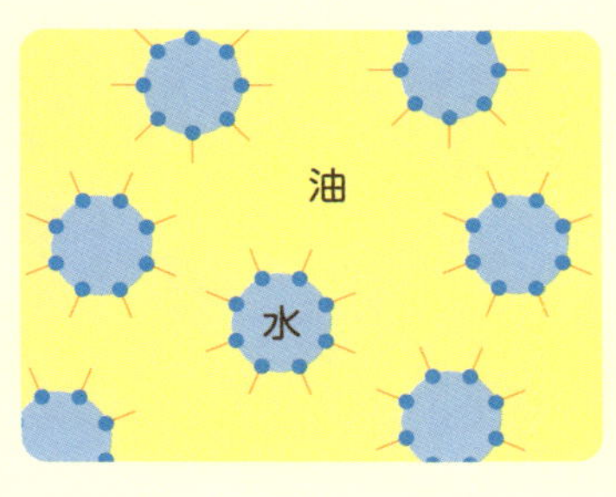

ウォータープルーフ日焼け止めやファンデーションなどがこの形。手の甲に塗布すると、水で簡単には洗い落とすことができない。油の中に水が分散しているバターのような構造。

P176 ～ 177では、種類別の刺激について、説明しています。刺激がやや強いものも、中にはありますが、実際は洗い流してしまう製品に配合されるので、肌は残らず、それほど心配する必要はありません。ただし、敏感肌の人は、十分注意してください。

界面活性剤の4種類

界面活性剤は、化学的構造から4種類に分かれます。
それぞれの特徴やどのような化粧品に配合されているかを
見てみましょう。

アニオン型界面活性剤 検1

特徴	水に溶けると陰イオンになる。洗浄に働き、泡立ちがよい
主な用途	石けん、シャンプー、洗顔料に配合される
成分名	石けん素地、カリ石けん素地、カリ含有石けん素地、ステアリン酸K、パルミチン酸K、ラウレス硫酸Na、ココイルグルタミン酸Na、ココイルメチルタウリンNa、パーム脂肪酸Na、ラウリルグリコール酢酸Na
刺激	比較的弱い

成分名に
「～石けん」「～硫酸ナトリウム」「～K」「～Na」とつく界面活性剤

カチオン型界面活性剤 検1

特徴	水に溶けると陽イオンになる。毛髪の柔軟や帯電防止、殺菌効果がある
主な用途	トリートメント、コンディショナーなどのヘアケア製品や制汗剤などに配合される
成分名	ステアルトリモニウムクロリド、ベヘントリモニウムクロリド、ジココジモニウムクロリド、ベンザルコニウムクロリド、ステアルトリモニウムブロミド、セトリモニウムブロミド、ステアラミドプロピルジメチルアミン、ベヘナミドプロピルジメチルアミン
刺激	やや強い

成分名に
「～クロリド」「～アンモニウム」「～ブロミド」とつく界面活性剤

両性イオン（アンホ型）界面活性剤 検1

特徴	条件によって陽イオンにも陰イオンにもなる。やさしい洗浄作用で乳化助剤としても使われる。
主な用途	高級シャンプー、リンスなど。低刺激のため、子ども用、敏感肌用にも。
成分名	コカミドプロピルベタイン、ラウリルベタイン、ラウラミドプロピルベタイン、ココアンホ酢酸Na、ココアミンオキシド、水添レシチン
刺激	弱い

成分名に
「〜スルタイン」「〜ベタイン」「〜アンホ〜」
とつく界面活性剤

ノニオン型界面活性剤 検1

特徴	水に溶けたときにイオン化しない。乳化作用が高く、可溶化（油を溶かす）、洗浄など多種多様
主な用途	幅広い化粧品に配合されている。乳化にすぐれているため、乳液やクリームなどに多用される。水性クレンジングにも使われる
成分名	オレイン酸ポリグリセリル-10、ステアリン酸ソルビタン、パルミチン酸ソルビタン、コカミドDEA、ラウラミドDEA、イソステアリン酸PEG-20グリセリル、ステアリン酸グリセリル、ポリソルベート60、PEG-60水添ヒマシ油、テトラオレイン酸ソルベス-30、ラウレス-4、ベヘネス-30、ヤシ油脂肪酸PEG-7グリセリン
刺激	とても弱い（ほとんどない）

成分名に
「〜ポリグリセリル-数字」「PEG-数字〜、〜PEG-数字」
「〜ソルビタン」「〜PEG-数字ソルビット」
「〜グリセリル」「〜グリセリズ」「〜水添ヒマシ油」
とつく界面活性剤

その他の成分

化粧品をつくるベース成分以外にも、重要な成分があります。品質を保つための成分や、紫外線カット剤などを見てみましょう。

増粘剤 検1

液体にとろみをつけたり、ジェルをつくったりします。使い心地をよくする感触調整などに使われます。

	特徴	成分名
増粘・ゲル化	粘度を調整して、使用感や使いやすさはもちろん、見た目もよくする。ジェルをつくるのに使われる。	カルボマー、キサンタンガム、ヒドロキシエチルセルロースなど
感触向上	洗髪中や乾かしたあとの髪の毛の感触をよくする。肌に使うとしっとりとした感触に。	ポリクオタニウム-7、ポリクオタニウム-10など
皮膜形成	乾くと膜をつくる。スタイリング力を調整したり、パック効果をもたらしたりするほか、メイクアップ化粧品では色落ち防止などのために加えられる。	ポリビニルアルコール(PVA)、(ビニルピロリドン／VA)コポリマーなど
感触調整	水に溶けない球状の粉末。すべりがよくなるため、メイクアップ化粧品や制汗剤によく使われる。	ポリエチレン粉末、ナイロン粉末など

pH調整剤 検1

物質の酸性～アルカリ性の度合いを調整する成分。成分を安定して配合できるようにしたり、汗をかいたり乾燥したりすることによって変動しがちな肌のpHを健康な状態の弱酸性に保ち、バリア機能の低下を防ぐために、化粧品を弱酸性にしたりします。

酸性に調整する成分

クエン酸、リン酸、乳酸

アルカリ性に調整する成分

水酸化ナトリウム、水酸化カリウム、アルギニン

キレート剤 検1

化粧品の中で、品質・性能の劣化や美容成分などの機能低下を引き起こす可能性のある、ごく微量の金属イオン（ミネラル）をキャッチして、取り除きます。

主な成分 EDTA-2Na（エデト酸塩）、クエン酸、エチドロン酸など

酸化防止剤 検1

油性成分や美容成分の中には酸化しやすいものがあります。酸化すると品質が劣化するだけでなく皮膚への刺激にもなり得ます。品質を保持するために大切な成分です。

主な成分 トコフェロール、BHA、BHTなど

防腐剤 検1

化粧品に配合される成分の多くは、微生物にとっておいしいエサ。微生物が繁殖して化粧品が腐敗すると肌トラブルの原因にもなります。開封後の化粧品が最後まで微生物に汚染されないために、重要な成分です。

主な成分 メチルパラベン、エチルパラベン、プロピルパラベン、ブチルパラベン、フェノキシエタノール、安息香酸塩など

※最近では保湿成分や植物エキスの中で微生物の繁殖を抑える（静菌）作用のあるものを組み合わせて使用することで、防腐剤フリーとうたっている化粧品もあります
よく配合される成分：BG、プロパンジオール、エチルヘキシルグリセリン、ペンチレングリコールなど

ふーん。化粧品って、本当にたくさんの“成分”から成り立っているのね！

紫外線カット剤

太陽光からそそぐ紫外線は、肌にさまざまな悪影響を及ぼします。そこで、紫外線の肌への影響を防ぐために化粧品に配合されるのが紫外線カット剤。大きく分けて、吸収剤と散乱剤の2種類があります。

また、紫外線は波長の長さにより3種類に分かれています。320～400nmの長波長紫外線をA波、280～320nmの中波長紫外線をB波、280nm以下の短波長紫外線をC波といいます。波長の長さとエネルギーの強さは反比例し、皮膚への影響は比例します。

紫外線吸収剤

その名のとおり、紫外線のエネルギーを吸収して無害化することで、肌や細胞に直接当たる紫外線を減らします。化学物質であるので、アレルギーを引き起こすなど、まれに肌に合わない場合があります。塗りムラが生じにくいメリットもあります。

紫外線を吸収する

紫外線散乱剤

紫外線を反射させて紫外線を減らす成分です。紫外線には長短さまざまな波長がありますが、光そのものを反射して防ぐため、幅広い波長の光に対応できます。しかし、細かな粉体なので、きしみ感や白浮き、塗りムラなどの問題があります。ナノサイズにした微粒子の散乱剤は、白浮きしにくいためよく使われています。

主な紫外線カット剤

検定	タイプ	表示名称	カットする紫外線	起原
	紫外線吸収剤	オキシベンゾン-数字（2、3、4、6）	UVA+UVB	合成
		メチレンビスベンゾトリアゾリルテトラメチルブチルフェノール		
		ビスエチルヘキシルオキシフェノールメトキシフェニルトリアジン		
		メトキシケイヒ酸エチルヘキシル、メトキシケイヒ酸オクチル	UVB	
		オクチルトリアゾン		
		オクトクレリン		
		ポリシリコーン-15		
		ジエチルアミノヒドロキシベンゾイル安息香酸ヘキシル	UVA	
		t-ブチルメトキシジベンゾイルメタン		
検1	紫外線散乱	（微粒子）酸化チタン	UVA+UVB	
検1		（微粒子）酸化亜鉛		

香料 検1

化粧品に香りをつける成分。香料はたくさんの香り成分を組み合わせて（調香）つくります。香り成分には合成でつくられるものと植物などからつくられるもの（天然）があります。香りを楽しむためだけでなく、基剤のにおいをカバーするためにも配合されます。

香り成分に対し、安全性を評価する機関とそれに基づいた配合の基準をつくる機関により、香料の安全性が守られています。また、植物エキスや精油を配合して香りをつけ、香料無添加をうたった化粧品もあります。

主な成分 香料、ラベンダー油（精油）、ローズ油（精油）など

着色料 検1

化粧品の効果感を演出したり、変色をカバーしたりするために、黄～褐色などの色づけに使われます。最近ではスキンケアに配合される着色料は、天然由来成分が多く、合成着色料（タール色素）はほとんど使用されていません。

スキンケアに使われる主な成分 カラメル、シアノコバラミン、クロレラ、リボフラビンなど

化粧品の全成分表示を読み解こう！

化粧品の成分のことがだいたい頭に入ったら、実際に化粧品の全成分表示を読み解いてみましょう。これまでなんとなく買っていた化粧品が、もっと的確に選べるようになります。まずは普通の化粧品 ➡P19 からはじめてみましょう。

読み解き方

以下の❶〜❸の順で見ていくとスムーズです。本書の成分名索引 ➡P186 などを使って読み解いていきます。

〈全成分表示例〉

水、BG、グリセリン、ヒアルロン酸Na、セラミドEPO、セラミドNS、アラニン、アスパラギン酸、ジグリセリン、（メタクリル酸メトキシPEG−23／ジイソステアリン酸メタクリル酸グリセリル）コポリマー、酵母エキス、加水分解コラーゲン、ソルビトール、キサンタンガム、クエン酸、フェノキシエタノール、メチルパラベン

1 美容成分を見つける

一覧の中から美容成分を見つけ出して、その美容成分の主な効果を書き出す ➡STEP1。

2 基剤を分類する

水溶性成分 ➡P168、油性成分 ➡P170、界面活性剤 ➡P174 の一覧を見ながら基剤を種類別に分ける ➡STEP2。

3 ❶❷以外の成分を調べる

❶❷にあてはまらない成分を、成分名索引 ➡P186 などで調べる ➡STEP3。

※本書に記載のない成分もあります。次ページからの3つのSTEPは、上記の❶→❷→❸に対応しています。

全成分表示を読み解こう

美容成分を見つける

下の全成分表示から美容成分を見つけて、書き出してみましょう。

〈全成分表示例〉

水、BG、グリセリン、ヒアルロン酸Na、セラミドEPO、セラミドNS、アラニン、アスパラギン酸、ジグリセリン、（メタクリル酸メトキシPEG−23／ジイソステアリン酸メタクリル酸グリセリル）コポリマー、酵母エキス、加水分解コラーゲン、ソルビトール、キサンタンガム、クエン酸、フェノキシエタノール、メチルパラベン

MEMO

PART2のキャラクター図鑑や成分名索引➜P186などで調べてみてね！

解答 1

ヒアルロン酸Na（保湿）、セラミドEPO（保湿）、セラミドNS（保湿）、アラニン（保湿）、アスパラギン酸（保湿）、酵母エキス（美白、抗炎症）、加水分解コラーゲン（保湿）、ソルビトール（保湿）

STEP 2 基剤を見つけて分類する

次に基剤を選び出し、水溶性成分 ➡P168 、油性成分 ➡P170 、界面活性剤 ➡P174 の一覧を見ながら種類別に色分けしてみましょう。

〈全成分表示例〉

水、BG、グリセリン、ヒアルロン酸Na、セラミドEPO、セラミドNS、アラニン、アスパラギン酸、ジグリセリン、(メタクリル酸メトキシPEG−23/ジイソステアリン酸メタクリル酸グリセリル)コポリマー、酵母エキス、加水分解コラーゲン、ソルビトール、キサンタンガム、クエン酸、フェノキシエタノール、メチルパラベン

MEMO

解答 2

水溶性成分　油性成分　界面活性剤

水、BG、グリセリン、ヒアルロン酸Na、セラミドEPO、セラミドNS、アラニン、アスパラギン酸、ジグリセリン、(メタクリル酸メトキシPEG−23/ジイソステアリン酸メタクリル酸グリセリル)コポリマー、酵母エキス、加水分解コラーゲン、ソルビトール、キサンタンガム、クエン酸Na、クエン酸、フェノキシエタノール、メチルパラベン

蛍光ペンで水溶性成分、油性成分、界面活性剤の3色に色わけすると一目でわかるよ！

STEP 3 1 2 以外の成分について調べる

わからなかった成分について、書き出して一覧にし、成分名索引➡P184などで調べておきましょう。

〈全成分表示例〉

水、BG、グリセリン、ヒアルロン酸Na、セラミドEPO、セラミドNS、アラニン、アスパラギン酸、ジグリセリン、（メタクリル酸メトキシPEG−23／ジイソステアリン酸メタクリル酸グリセリル）コポリマー、酵母エキス、加水分解コラーゲン、ソルビトール、キサンタンガム、クエン酸、フェノキシエタノール、メチルパラベン

MEMO

解答 3

キサンタンガム ➡ 増粘剤
クエン酸 ➡ pH調整剤
フェノキシエタノール ➡ 防腐剤
メチルパラベン ➡ 防腐剤

成分名索引

化粧品の表示名や通称から
引けるようになっています

あ行

か行

ま行

や行

ら行

参考文献

『化粧品辞典』（日本化粧品技術者会編　丸善）、『日本化粧品原料集2007』（日本化粧品工業連合会編　薬事日報社）、『日本化粧品成分表示名称事典』（日本化粧品工業連合会編集　薬事日報社）、『化粧品成分ガイド第6版』（フレグランスジャーナル社）、『化粧品成分ガイド第5版』（フレグランスジャーナル社）、『化粧品の成分表示名称リスト』（日本化粧品工業連合会　公式ウェブサイト）、『医薬部外品有効成分リスト、医薬部外品添加物リスト』（厚生労働省　ウェブサイト）、『皮膚科Q&A』（公益社団法人日本皮膚科学会　公式ウェブサイト）

原料資料参照

味の素ヘルシーサプライ株式会社、アンチエイジング株式会社、池田物産株式会社、一丸ファルコス株式会社、岩瀬コスファ株式会社、カネダ株式会社、キユーピー株式会社、香栄興業株式会社、高級アルコール工業株式会社、株式会社高研、セティ株式会社、株式会社成和化成、株式会社東洋発酵、日光ケミカルズ株式会社、日油株式会社、株式会社ニッピ、日本精化株式会社、日本ルーブリゾール株式会社、ビタミンC60バイオリサーチ株式会社、株式会社ホルス、株式会社マツモト交商、丸善製薬株式会社、ミヨシ油脂株式会社、山川貿易株式会社、勇心酒造株式会社、DSMニュートリションジャパン株式会社

著者 小西さやか
（こにし　さやか）

一般社団法人日本化粧品検定協会代表理事、東京農業大学食香粧化学科 客員准教授。一般社団法人日本スキンケア協会顧問、一般社団法人フレーバー・フレグランス協会顧問。日本入浴協会顧問、更年期と加齢のヘルスケア学会幹事、日本サプリメント学会幹事。化学修士（サイエンティスト）としての科学的視点から美容、コスメを評価できるスペシャリスト、コスメコンシェルジュ。その知見から意味のない無駄なお手入れを省いた最短最適な美容法「なまけ美容」を推奨。その鋭い評価が好評で、TV、雑誌、ラジオで活躍中。著書10冊、発行部数は累計35万部を超える。

イラスト	清水利江子（図版制作）
	つぼゆり（キャラ作成、マンガ）
本文デザイン・DTP	村口敬太　村口千尋（Linon）
協力	根岸里歌（日本化粧品検定協会）
執筆協力	藤岡賢大（日本化粧品検定協会 顧問、f・コスメワークス）
ライティング	小川裕子、吉田瑞穂
編集協力	佐藤友美（ヴュー企画）

知れば知るほどキレイになれる！
美容成分キャラ図鑑

2019年 9 月10日発行　第 1 版
2023年10月20日発行　第 6 版　第 1 刷

著　者　小西さやか
発行者　若松和紀
発行所　株式会社 西東社
〒113-0034　東京都文京区湯島2-3-13
https://www.seitosha.co.jp/
電話　03-5800-3120（代）

ISBN 978-4-7916-2787-5